新版电工实用技术

新版电工基础
——从原理到实践

君兰工作室　编
黄海平　审校

科学出版社

北京

内 容 简 介

本书重点介绍电工技术人员必须掌握的电工基础知识，进行点对点的直观讲解。试图于细微深处，以朴实、易懂的方式介绍电工基础知识，让读者一看就懂，即学即用。

本书主要内容包括电工基础、电与磁、直流电路、三相交流电路、三相感应电动机、变压器、半导体、电工常用工具、电工常用仪表、电工常用开关保护装置、配电及户内配线、电工常用配电线路实例、电工常用电气图形符号、电工常用照明电路。

本书内容实用性强，图文并茂，具有一定的指导性和参考性。

本书适合作为各级院校电工、电子及相关专业师生的参考用书，同时可供广大电工技术人员、初级电工参考阅读。

图书在版编目(CIP)数据

新版电工基础：从原理到实践/君兰工作室编；黄海平审校.
—北京：科学出版社，2014.5
（新版电工实用技术）
ISBN 978-7-03-039544-3

Ⅰ.新… Ⅱ.①君…②黄… Ⅲ.电工学-基本知识 Ⅳ.TM

中国版本图书馆 CIP 数据核字(2014)第 007788 号

责任编辑：孙力维 杨 凯/责任制作：魏 谨
责任印制：赵德静/封面设计：东方云飞

北京东方科龙图文有限公司 制作
http://www.okbook.com.cn

科学出版社 出版
北京东黄城根北街 16 号
邮政编码：100717
http://www.sciencep.com

新科印刷有限公司 印刷
科学出版社发行 各地新华书店经销

*

2014 年 5 月第 一 版 开本：A5(890×1240)
2014 年 5 月第一次印刷 印张：9 3/4
印数：1—4 000 字数：290 000

定 价：36.00元
（如有印装质量问题，我社负责调换）

前　言

　　2008 年我们出版了"电工电子实用技术"丛书,其中《电工基础——从原理到实践》一书一经推出便得到了广大读者的欢迎,其实用的内容、图解的风格、简洁的语言都使得这本书深受广大电工技术人员的喜爱,销量过万。

　　随着社会的快速发展,电工技术也有了很大进步,为了更好地适应现代电工的技术要求,满足新晋电工技术人员学习电工知识、掌握电工技能的愿望,总结几年来读者的反馈信息,我们推出了"新版电工实用技术"丛书。其中,《新版电工基础——从原理到实践》一书坚持第一版图书内容实用、高度图解的风格,根据当前就业形势的需求,去掉了第一版图书中较为陈旧的内容,更新了部分数据,增添了适合现代电工工作实际情况的内容。

　　本书共 14 章,主要内容包括电工基础、电与磁、直流电路、三相交流电路、三相感应电动机、变压器、半导体、电工常用工具、电工常用仪表、电工常用开关保护装置、配电及户内配线、电工常用配电线路实例、电工常用电气图形符号、电工常用照明电路。

　　山东威海广播电视台的黄海平老师为本书做了大量的审校工作,在此表示衷心感谢! 参加本书编写的人员还有王兰君、黄鑫、张铮、刘守真、李渝陵、凌玉泉、李霞、凌黎、高惠瑾、凌珍泉、谭亚林、凌万泉、张康建、朱雷雷、张杨、刘彦爱、贾贵超等同志,在此一并表示感谢。

　　由于编者水平有限,书中难免存在错误和不足,敬请广大读者批评指正。

编　者

目 录

第 1 章 　 电工基础

第 2 章　电与磁

第 3 章　直流电路

第 4 章　三相交流电路

第 5 章 三相感应电动机

第 6 章　变压器

第 7 章 半导体

第 **8** 章　电工常用工具

第 9 章　电工常用仪表

第 10 章　电工常用开关保护装置

第 11 章 配电及户内配线

第 12 章 电工常用配电线路实例

第 13 章 电工常用电气图形符号

第 14 章 电工常用照明电路

电工基础

电

1.1.1　摩擦生电

我们发现,如果用毛皮摩擦玻璃棒,玻璃棒就带电并能吸引轻小物体,同时毛皮上也有等量的电。这个现象是由于毛皮摩擦玻璃棒而使物体具有的特殊性质。我们说,在这种情况下玻璃棒和毛皮带电,并规定玻璃棒带的是正电,毛皮带的是负电。

物体与其他相适应的物体摩擦生电,所带的电不是正电就是负电。其带电的正负,通常是依据带电玻璃棒受到的是斥力还是引力来判别的。两种适当的物体相互摩擦时,两种物体通常是带上不同种类的电。两种物体之所以带正电或负电,是由于每种物体带电性质的不同。如图1.1所示的排列顺序,前面的物体相对后面的物体而言,摩擦时带正电,其间隔越大带电越多。

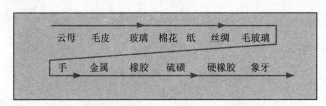

图1.1　摩擦起电

我们用来摩擦生电的物体,都是些不易导电的物体,也就是绝缘体。一般来说,金属等物质不易摩擦生电,但由此认为金属不生电则是错误的。因为对于金属来说,摩擦能生电,只是瞬间就逃掉了。所以,为了防止摩擦所生的电逃掉,可将金属棒粘个绝缘柄,这样就可以使金属带电。

1.1.2　带电的起因

物质由原子构成,原子由带正电的原子核及绕其旋转的电子构成。这些电子均是带一定量的负电并具有质量的基本粒子,电子带负电的总量和原子核带正电的总量相等,所以就整体而言,物体处于电中和状态,通常不显电性。

我们称电的总量,即电量为电荷,单位为库[仑],符号为 C。1 个电子带的负电荷约 1.6×10^{-19} C,这是带电的最小单位。电子的质量约为 9×10^{-31} kg,是氢原子质量的 1/1836 左右。因此,在原子质量中电子的质量只占很小的部分,考虑原子的质量时只考虑原子核的质量也无妨碍。

通常不显电性的物体,因摩擦而带电,这是由于摩擦破坏了物体原子内正负电荷代数和为零的中和状态。摩擦起电表现出来的引力和斥力就是电力(即下节要讲的库仑力)。物体由原子构成,电力对原子中的电荷起作用。当电荷能够在物体中自由移动时,电力只作用于电荷而使电子移动;但绝缘体中的电荷不易移动,这时,电力作用于物体并使物体有运动的趋势。正因为这样,由于摩擦破坏了正负电荷的中和状态,使物体带电从而产生电力。这时产生的引力或斥力将使绝缘体发生运动。

摩擦使正负电荷不再处于中和状态,这是因为当两物体接触时,电荷不仅在自身物体中运动,而且还移到了另一个物体上。下面我们稍微详细地进行讨论。

原子中的电子因受原子核的引力而按一定的轨道绕原子核旋转,当受到外部电力作用时,能脱离原子核的束缚而自由运动,这样的电子叫做自由电子。

如图 1.2 所示,电是由自由电子的增减而表现出来的。也就是说,如果将一定数量的电子从尚未带电的物体中移到其他物体,则失去自由电

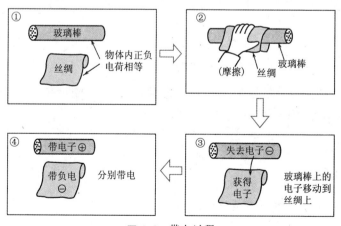

图 1.2 带电过程

子的物体带正电,得到自由电子的物体带负电。

绝缘体带电就是指得到或失去自由电子的状态。即使从电池或发电机获得大电流的情况,也是从自由电子在导线中移动开始的。

1.2 电荷间的作用力

1.2.1 库仑定律

带有电荷的物体,称为带电体。带电体之间具有相互作用力,作用力的方向沿着两电荷的连线,同号电荷相斥,异号电荷相吸。

两个带电体之间相互作用力的大小,正比于每个带电体的电量,与它们之间距离的平方成反比,作用力的方向沿着两电荷的连线。

这就是库仑定律,用公式表示如下:

$$F \propto \frac{Q_1 Q_2}{r^2}$$

式中,Q_1,Q_2 是以库仑(C)为单位的电量;r 是以米(m)为单位的两带电体之间的距离;F 是以牛顿(N)为单位的力,如图 1.3 所示。

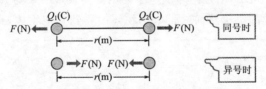

图 1.3　电荷间作用力的关系

设介质的介电常量是 ε,相对介电常量是 ε_s,真空介电常量是 ε_0,因 $\varepsilon = \varepsilon_0 \varepsilon_s$,则库仑定律可表示为

$$F = \frac{1}{4\pi\varepsilon} \cdot \frac{Q_1 Q_2}{r^2} = \frac{1}{4\pi\varepsilon_0 \varepsilon_s} \frac{Q_1 Q_2}{r^2} \text{ (N)} \tag{1.1}$$

力 F 也叫做库仑力。

1.2.2 介电常量的变化

真空介电常量 ε_0 被定义为如下数值:

$$\varepsilon_0 = \frac{10^7}{10\pi c^2} = 8.855 \times 10^{-12} \text{ (F/m)}$$

式中,c 是光速,$c = 2.998 \times 10^8 \approx 3 \times 10^8 \text{ m/s}$。

介于电荷之间的绝缘体,就传导静电作用的意义而称之为电介质。在研究静电作用时,使用的介质必须是绝缘体,这是因为如果使用导体,正、负电荷会被立即中和。相对介电常量 ε_s 是由绝缘体决定的常数。因为空气的 ε_s 是 1,所以将空气中的情况与真空中的情况作同样处理也无妨。绝缘油的 ε_s 是 2.3,而水的 ε_s 约为 80。

将 ε_0 代入 F 的公式,在真空中(或空气中)F 为

$$F = \frac{1}{4\pi\varepsilon_0} \cdot \frac{Q_1 Q_2}{r^2} = \frac{1}{4\pi} \cdot \frac{4\pi c^2}{10^7} \cdot \frac{Q_1 Q_2}{r^2} = \frac{c^2}{10^7} \times \frac{Q_1 Q_2}{r^2}$$

$$\approx (3 \times 10^8)^2 \times 10^{-7} \times \frac{Q_1 Q_2}{r^2} = 9 \times 10^9 \times \frac{Q_1 Q_2}{r^2} \text{ (N)} \quad (1.2)$$

在真空(或空气)以外的介质中,库仑力为

$$F = \frac{1}{4\pi\varepsilon_0\varepsilon_s} \cdot \frac{Q_1 Q_2}{r^2} = 9 \times 10^9 \times \frac{Q_1 Q_2}{r^2} \cdot \frac{1}{\varepsilon_s}$$

$$= 9 \times 10^9 \times \frac{Q_1 Q_2}{\varepsilon_s r^2} \text{ (N)} \quad (1.3)$$

在真空中,两等量电荷相距 1m 时,若两电荷间的作用力 $F = c^2/10^7 \text{ N}$,我们说这时的电荷电量为 1C($F = c^2/10^7 \cdot Q_1 Q_2/r^2$)。

【例 1.1】

两个带等量同号电荷的导体球相距 20cm 时,导体球间相互作用斥力为 $2 \times 10^{-4} \text{ N}$,这时导体球带电量是多少?

解:设所求电量为 Q,由式 $F = 1/4\pi\varepsilon_0 \cdot (Q^2/r^2)$ 得

$$Q^2 = 4\pi\varepsilon_0 r^2 F = \frac{1}{9} \times 10^{-9} \times (0.2)^2 \times 2 \times 10^{-4} = 8.89 \times 10^{-16}$$

$$Q = 2.98 \times 10^{-8} \text{ C}$$

【例1.2】

空气中边长为10cm的等边三角形,在其各顶点 A,B,C 上依次放置电量分别为 Q_1,Q_2,Q_3 的三个带电体,求顶点 C 带电体受力的大小和方向。其中,已知 $Q_1 = 20\mu C$,$Q_2 = -20\mu C$,$Q_3 = 20\mu C$。

解:Q_1 与 Q_3 相斥,Q_2 与 Q_3 相吸,因此作用力的方向如图1.4所示。因是等边三角形,所以 F 的大小与 AC 间的作用力及 BC 间的作用力大小相等。

$$F = 9 \times 10^9 \times \frac{(20 \times 10^{-6})^2}{(0.1)^2} = 360 \ (N)$$

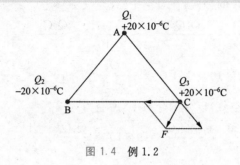

图1.4 例1.2

1.3 电场强度的计算方法

1.3.1 电场强度

在电场中置入单位正电荷,其受力的大小和方向随位置而异。这个力是表示电场中该点状态的物理量,称它为该点的电场强度。在电场强度为 E 处,放置点电荷 $Q(C)$,则点电荷受力为

$$F = QE \ (N) \tag{1.4}$$

$$E = \frac{F}{Q} \ (V/m) \tag{1.5}$$

电场强度是个矢量,其方向规定为当正电荷置于电场中时,其受力方向为电场强度的正方向。

1.3.2 点电荷电场强度

求距电量为 $Q(C)$ 的点电荷 $r(m)$ 远处 P 点的电场强度 E。根据电场强度的定义,假想在 P 点放置单位正电荷,只要求出该电荷受力即可,如图 1.5 所示。

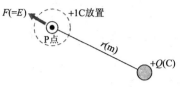

图 1.5　P 点的电场强度

$$E = \frac{Q}{4\pi\varepsilon r^2} \ (V/m) \tag{1.6}$$

电场强度的单位,直接想到的是 N/C,之所以使用 V/m 表示,是因与后面要学习的电位有关。对存在两个以上电荷的情况,要分别求出每个电荷的电场强度,再将它们矢量合成,求出总的电场强度。

电场强度不是标量,所以必须注意要按矢量计算。

1.3.3 电力线和电通量密度

在电场内放置单位正电荷,这个电荷受力而移动,假想电荷移动时画了条线,称为电力线,如图 1.6 所示。

这样一来,电力线上各点的切线方向表示该点电场强度的方向,因此,电力线成为了解电场状况的便利工具。

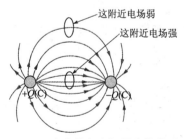

这附近电场弱

这附近电场强

图 1.6　电力线与电场强度的关系

在与电场方向垂直的单位面积 $1m^2$ 内,电场强度等于通过该面积的电力线根数。在 $1V/m$ 的电场强度处,与电力线垂直的单位面积 $1m^2$ 内有 1 根电力线通过,如图 1.6 所示。

按照这个定义,带有 $Q(C)$ 电荷的带电体将发出多少根电力线呢?距离带有 $Q(C)$ 电荷的带电体 r 远处的电场强度为

$$E = 9\times10^9 \frac{Q}{\varepsilon_s r^2} = \frac{Q}{4\pi\varepsilon_0\varepsilon_s r^2} \ (V/m) \tag{1.7}$$

在以 $r(m)$ 为半径的球面上,无论怎样取单位面积,都可认为通过该面积的电力线数是 E 根。

E 乘以球面积 $4\pi r^2$,给出从 $Q(C)$ 电荷发出的电力线总数如下:

$$E \times 4\pi r^2 = \frac{Q}{\varepsilon_0 \varepsilon_s} \text{（根）} \tag{1.8}$$

在真空中或在空气中,电力线的总数如下:

$$\frac{1}{\varepsilon_0} Q = \frac{1}{8.85 \times 10^{-12}} Q = 1.13 \times 10^{11} Q \text{（根）} \tag{1.9}$$

由此可见,单位正电荷发出 1.13×10^{11} 根电力线,在相对介电常量为 ε_s 的介质中时,发出的电力线是真空的 $1/\varepsilon_s$ 倍。这个电力线的数目非常大,并且因介质的不同电力线的根数也会发生变化。因此,我们重新设想,1C 电荷发出 1 根电通量,称其为 1C 的电通量,则可避免空间介电常量的影响。

这样一来,变成电荷 Q(C)发出电通量数 Q(C),这就是对电通量的定义。如果电荷 Q(C)是负的,可认为电通量是进入电荷 Q 的。

式(1.7)变形如下:

$$\frac{Q}{4\pi r^2} = \varepsilon_0 \varepsilon_s E = \varepsilon E \tag{1.10}$$

在此,$4\pi r^2$ 是以电荷 Q 为中心、r 为半径的球面面积。

因此,Q 既是电荷 Q(C),同时又是发出的 Q(C)的电通量,如图 1.7 所示。式(1.10)左边意味着通过 r 为半径的球面的电通量的面密度,用电通量密度 D(C/m²)来表示,式(1.10)可以写成如下形式:

$$D = \varepsilon E \text{（C/m}^2\text{）} \tag{1.11}$$

电通量密度 D 与电场强度 E 的比例系数是介电常量 ε。

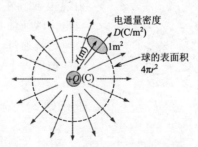

图 1.7 从 $+Q$(C)电荷发出 Q(C)的电通量

【例1.3】

在相对介电常量是 2.3 的绝缘油中,有一个 $10\mu C$ 的点电荷。求距点电荷 10cm 处的电通量密度 D 和电场强度 E。

解:以点电荷为中心、10cm 为半径的球面面积为

$$S = 4\pi(0.1)^2 = 0.125 \ (m^2)$$

另外,从 $10\mu C$ 的点电荷发出 10×10^{-6} 根电通量,如图 1.8 所示。所以,电通量密度 D 为

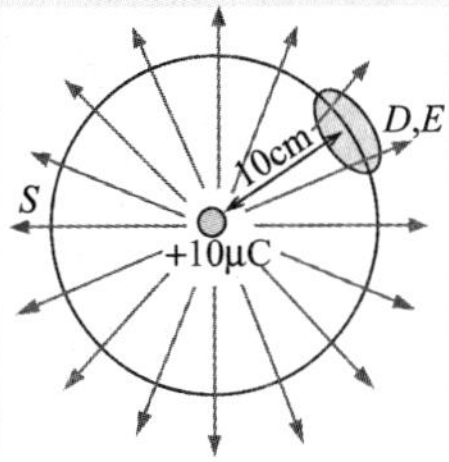

图1.8 例1.3

$$D = \frac{10 \times 10^{-6}}{0.125} = 8.0 \times 10^{-5} \ (C/m^2)$$

由 $D = \varepsilon E = \varepsilon_0 \varepsilon_s E$,得电场强度为

$$E = \frac{D}{\varepsilon_0 \varepsilon_s} = \frac{8.0 \times 10^{-5}}{8.85 \times 10^{-12} \times 2.3} = 3.93 \times 10^6 \ (V/m)$$

根据定义亦可求解电场强度为

$$E = 9 \times 10^9 \times \frac{Q}{\varepsilon_s r^2} = \frac{9 \times 10^9 \times 10 \times 10^{-6}}{2.3 \times 0.1^2} = 3.91 \times 10^6 \ (V/m)$$

1.3.4 带电导体球的电场强度

球形导体带电,无论带的是正电还是负电,都是同种电荷,按照库仑定律会产生斥力。所以电荷不能集中在球心,而是均匀地分布在导体表面。应该怎样求这样的球形导体表面的电场强度呢?可把所有电荷集中于导体球中心即可。这是因为,只要假设给球形导体带电 $Q(C)$,就有 $Q(C)$ 电荷发出电通量 $Q(C)$,即使电荷分散于球体表面,球体表面上的电通量密度也不变。换言之,给球形导体带上电,只要球形导体表面的电荷不逃走,电通量的总量就不变。因此,求球形导体表面的电场强度 E 时,可通过所带电荷求出电通量密度 D,再根据 $D = \varepsilon E$ 求解 E 即可。

这种求法,不只限于球形导体,导体的形状是圆柱形或圆筒形的情况均适用,但电荷必须分布在导体表面。

球形导体若带电,球形导体内部的电场强度为零。其理由如上所述,电荷只存在于导体表面,而内部没有电荷。因此,电通量由表面指向外部,而内部没有,这是因为电通量被表面切断的缘故,如图1.9所示。

由式 $E = Q/4\pi\varepsilon_0\varepsilon_s s^2$ 可知,球形导体的半径 r 越小,表面的电场强度越强。这种情况使绝缘体受到电的压力增加。由于这个原因,在设计使用高压的机器时,要考虑到导体不要有突起或曲率半径太小的部分,还应

考虑到不要使电场强度过大。

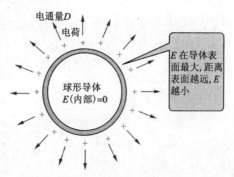

图 1.9   球形导体带上电荷,切断了球内部的电通量

1.3.5   高斯定理

为了帮助读者理解看不见的电场空间的存在,我们采用了电力线(假想线)来处理,即表示某点电场强度时,用通过单位垂直截面的电力线根数来表示该点的电场强度。于是,穿过以 $+Q(C)$ 为中心、$r(m)$ 为半径的全部球面的电力线根数 N 为

$$N = 4\pi r^2 E = 4\pi r^2 \times \frac{Q}{4\pi r^2 \varepsilon} = \frac{Q}{\varepsilon} \text{ (根)}$$

也就是说,置于介电常量为 ε 的电介质中的 $+Q(C)$ 电荷,发出电力线 Q/ε 根。

在电场空间电力线的分布,如图 1.10 所示,有各种各样的情形。电荷单独存在时,电力线呈辐射状,如图 1.10(a) 所示;附近有电荷存在时,受其影响,电力线产生了疏密分布,如图 1.10(b) 和图 1.10(c) 所示。

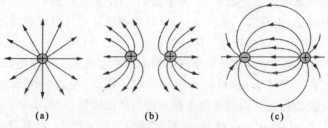

(a)   (b)   (c)

图 1.10   电场空间电力线的分布

当多个点电荷存在于介电常量为 ε 的介质中时,考察电场中任意闭

合曲面 S。当这个闭合曲面包围 $q_1,q_2,q_3,$ $\cdots,q_n$ 的 n 个点电荷时,从闭合曲面 S 垂直发出电力线的总数 N 等于该闭合曲面 S 内所含电荷总和的 $1/\varepsilon$。

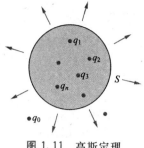

图 1.11 高斯定理

这就是高斯定理,如图 1.11 所示,是求解电场强度非常重要的定理,具体表示如下式:

$$N = \frac{1}{\varepsilon}(q_1 + q_2 + q_3 + \cdots + q_n)$$

$$= \frac{1}{\varepsilon}\sum_{i=1}^{n} q_i \tag{1.12}$$

若具体地讨论高斯定理可知,如图 1.12 所示,无论考察什么形状的闭合曲面,从其表面发出的电力线总和都如式(1.12)所示。

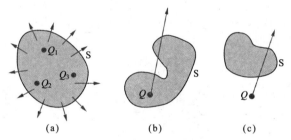

(a)   (b)   (c)

图 1.12 无论对什么样的闭合曲面,高斯定理都成立

如图 1.12(b)和图 1.12(c)所示,闭合曲面 S 有内部和外部之分,当电力线穿出或穿入闭合曲面时怎样考虑才合适呢?

在这种情况下,给从闭合曲面穿出的电力线加上正号,穿入的电力线加负号,然后将它们求和。例如,图 1.12(b)的情况,电力线穿出、穿入、穿出,因此有 $+1-1+1=+1$,与穿出 1 根电力线的情况相同。另外,图 1.12(c)是穿入、穿出的情况,所以,$-1+1=0$,可以认为从闭合曲面没有任何电力线穿出。

计算电场强度,在点电荷的情况下用库仑定律,在面电荷的情况下用高斯定理。

【例1.4】

如图1.13所示,给半径为 r_1(m)的球形导体内部充满密度均匀的电荷＋Q(C),求球形导体内部及外部的电场强度,设球内外介质的介电常量为 ε。

解:

① 球外电场。

为了使用高斯定理,如图1.14所示,设闭合曲面 S 是在球外以导体中心为圆心、r_2(m)为半径的球面。设这个球面上的电场强度为 E_1(V/m),则穿过这个球面的电力线总数 N 为

$$N = 4\pi r_2^2 E_1$$

另外,在这个半径内只有电荷＋Q(C),由高斯定理得

$$4\pi r_2^2 E_1 = \frac{Q}{\varepsilon}$$

$$E_1 = \frac{Q}{4\pi r_2^2 \varepsilon} \ (\text{V/m})$$

② 球内电场。

这种情况电荷充满球体内部,因此在球内取闭合曲面 S',设在球内半径为 r_0(m)的球面上电场强度为 E_2。因电场强度是均匀分布的,所以由该面内向外穿过的电力线总数是 $4\pi r_0^2 E_2$。另外,球内单位体积内的电荷(电荷密度)ρ 为

$$\rho = \frac{Q}{(4/3)\pi r_1^3}$$

则半径为 r_0 的球面内电量 Q_0 为

$$Q_0 = \frac{4}{3}\pi r_0^3 \rho = \frac{Q}{4\pi r_1^3/3} \cdot \frac{4}{3}\pi r_0^3 = \frac{r_0^3}{r_1^3}Q$$

如图1.15所示,由高斯定理知

$$4\pi r_0^2 E_2 = \left(\frac{r_0}{r_1}\right)^3 \cdot \frac{Q}{\varepsilon}$$

$$E_2 = \frac{Qr_0}{4\pi\varepsilon r_1^3}$$

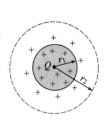

图 1.13 例 1.4（一）

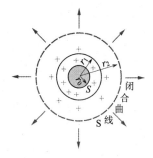

图 1.14 例 1.4（二）

【例 1.5】

空气中有一半径为 2cm 的球形导体,使其带电 $0.2\mu C$,如图 1.16 所示。求这个球形导体表面的电场强度。

解: 由 $D=Q/4\pi r^2$,$D=\varepsilon_0\varepsilon_s E$ 导出 $E=Q/4\pi\varepsilon_0\varepsilon_s r^2=9\times10^9\times Q/\varepsilon_s r^2$,将 $\varepsilon_s=1$,$r=0.02\text{m}$,$Q=0.2\times10^{-6}\text{C}$ 代入其中,于是球形导体表面的电场强度 E_1 为

$$E_1=9\times10^9\times\frac{0.2\times10^{-6}}{1\times(0.02)^2}=4.5\times10^6\ (\text{V/m})$$

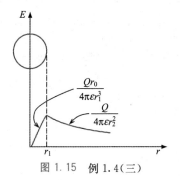

图 1.15 例 1.4（三）

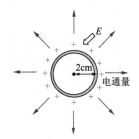

图 1.16 导体表面的电场

【例1.6】

如图1.17所示,空气中有半径为10cm的圆筒形导体,给其每米加电荷5×10^{-5}C,导体表面的电场强度是多少? 另外,若电场强度达30kV/cm以上,空气中就会放电,这个导体是否会发生放电呢?

解: 设圆筒导体每1m长有电荷Q(C),则该1m长的圆筒导体沿着径向向外发出电通量Q(C)。设圆筒半径为r(m),则1m长圆筒表面积为$2\pi r$,因有电通量Q(C)通过,如图1.18所示,则电通量密度D为

$$D=\frac{Q}{2\pi r}\ (C/m^2)$$

因此,电场强度E可表示为

$$E=D/\varepsilon_0\varepsilon_s=Q/2\pi r\varepsilon_0\varepsilon_s$$

将$\varepsilon_0=8.85\times10^{-12}$,$\varepsilon_s=1$,$r=0.1$m,$Q=5\times10^{-5}$C代入上式,则

$$E=\frac{5\times10^{-5}}{2\pi\times8.85\times10^{-12}\times1\times0.1}=899\times10^4\,V/m=89.9\ (kV/cm)$$

因为$E>30$kV/cm,所以会发生放电。

尽管空气是绝缘体,但当电场强度达到30kV/cm以上(1大气压,20℃)时,将引起绝缘击穿。如果圆筒导体表面发生绝缘击穿,空气因电离而呈电性。为此,只好使导体变粗,结果使得圆筒导体表面的电场强度E变弱,就没有了电离现象。如果导体表面的电场强度再变强,空气会再电离并发生绝缘击穿。像这样空气绝缘击穿和电离的现象在短周期内反复发生就是电晕放电。

电晕放电会引起通信故障,因此,在超高压输电线中,每一相线由四根以上的导体构成,加大外半径r而使电场强度变弱,以防止电晕发生。

讨论电晕放电之后应该注意的是,与其在输送电力过程中发生电晕损失,还不如在空中发生干扰电波。因为,通常电晕放电包含的频率非常广,而且比通信用电波的功率大得多。如果电晕放电发生在附近,则通信系统将受到严重影响。

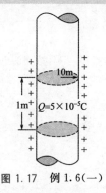

图1.17　例1.6(一)

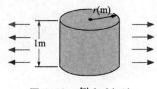

图1.18　例1.6(二)

电场内的位能

1.4.1 电 位

如图 1.19 所示,在电荷为+Q(C)的带电体 O 的电场内 S 点处,如果放+1C 电荷,则这个电荷受到的斥力为

$$F = 9 \times 10^9 \times \frac{Q}{\text{OS}^2} \text{ (N)}$$

若使电荷逆着斥力移近 O,则外力必须做功。于是,+1C 电荷移动一定的距离(如$\overline{\text{SP}}$间距)所需要的功,当$\overline{\text{SP}}$距 O 越远,所需的功越小,距离越近,则所需的功越大。

电位是用做功的程度来表示的电场性质,定义如下:

电场中某点的电位,表示把单位正电荷+1C 从无穷远移到该点所需要的功的大小,单位是伏特(V)。

这样定义后,某点的电位就意味着该点的电位能。

在由+Q(C)电荷的带电体所形成的电场中,单位正电荷受到斥力作用,因此由这点移向+Q 需要外界做功,所以认为+Q(C)电场中的电位是正的。但是,在-Q(C)的电场中,单位正电荷受到吸引力,因此,由这点移向-Q 不需要提供功,而是电场力做功。所以认为-Q(C)电场中的电位是负的。在这种情况下,单位正电荷逆着引力移动,距离越远需要的功越大,所以与正电荷情况相反,在负电荷电场中电位距-Q(C)越近,变得越低。

无论正电荷的电场还是负电荷的电场,+1C 电荷通常都是由高电位移向低电位。电荷由电场的一点移到另一点所做的功,决定了两点间电位差的大小,如图 1.20 所示。

图 1.19　电位的说明

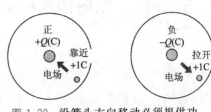

图 1.20　沿箭头方向移动必须提供功

⬤ 1.4.2　电荷在空间产生的电位

试求距 $+Q(C)$ 电荷的带电体 $r(m)$ 远处 P 点的电位。因距 $+Q$ 无穷远处不受 Q 的作用,设其电位为零,所以,无穷远点和 P 点间的电位差 U 就是 P 点的电位。

P 点的电场强度为 $E = Q/4\pi\varepsilon_0\varepsilon_s r^2$,在微小距离 $dr(m)$ 内可看作常数,因此,$+1C$ 的电荷逆着斥力移动 dr 所需要的功为

$$E dr = \frac{Q}{4\pi\varepsilon_0\varepsilon_s r^2} dr$$

这样的功从无穷远点累积到 P 点,即 P 点的电位。因此,P 点的电位 V 为

$$V = -\int_\infty^r E dr = -\int_\infty^r \frac{Q}{4\pi\varepsilon r^2} dr = -\frac{Q}{4\pi\varepsilon} \int_\infty^r \frac{1}{r^2} dr$$

$$= -\frac{Q}{4\pi\varepsilon}\left[-\frac{1}{r}\right]_\infty^r = \frac{Q}{4\pi\varepsilon r} \quad (V) \tag{1.13}$$

式中,$V = -\int_\infty^r E dr$ 里加了负号,这是因为电位随 r 的增加而减少的缘故。

电位 V 的原点取为无限远点,所谓无限远如图 1.22 所示,意味着距离电荷非常远,可认为那里的电场强度为 0。实际上,无限远并不是指无穷远的边际,也可用机器的外壳、大地等表示。

电位是由电场的功(电场强度 × 距离)求得,其单位本来应该是 $(N/C) \cdot m = N \cdot m/C$,但实际上电位的单位是伏(V),为此,多数情况下电场强度的单位也用电位的单位伏(V)来表示:

$$E = \frac{Q}{4\pi\varepsilon r^2} = \frac{Q}{4\pi\varepsilon r} \cdot \frac{1}{r}$$

即

$$V \cdot m^{-1} = V/m$$

1.4.3 两点间的电位差

设距 $+Q(C)$ 点电荷 $r_1(m)$ 远的 P 点和 $r_2(m)$ 远的 S 点的电位分别为 V_1 和 V_2:

$$V_1 = \frac{Q}{4\pi\varepsilon r_1}, V_2 = \frac{Q}{4\pi\varepsilon r_2}$$

因此,P 点与 S 点的电位差 V_{12} 为

$$V_{12} = V_1 - V_2 = \frac{Q}{4\pi\varepsilon}\left(\frac{1}{r_1} - \frac{1}{r_2}\right) \text{(V)} \tag{1.14}$$

这个电位差等于单位正电荷 $+1C$ 由 S 点移到 P 点所做的功。

1.4.4 两个以上点电荷电场的电位

如图 1.21 所示,在多个点电荷的情况下,P 点的电位可由每个电荷产生的电位之和求得。

$$V_P = \frac{+Q_1}{4\pi\varepsilon r_1} + \frac{-Q_2}{4\pi\varepsilon r_2}$$
$$+ \frac{+Q_3}{4\pi\varepsilon r_3} \text{(V)}$$

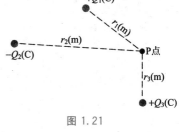

图 1.21

电位与电场强度最大的不同是没有方向性,即为标量。而电场强度来源于库仑力,所以是矢量。

由于电位是标量,对多个点电荷电场的电位,可由点电荷单独存在时电位的代数和求得。

1.4.5 电位梯度等于电场强度

电位梯度是电场中电位的变化与距离的变化之比。考虑电场中 P,S 两点,设 PS 间距离为 Δx,且各点的电位分别为 V_1,V_2,若设电位差 $\Delta V = V_1 - V_2$,电位的变化与距离的变化之比称为电位梯度 g,即

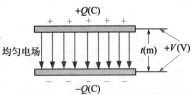

图 1.22 在均匀电场中的电位梯度

$$g = \frac{V_1 - V_2}{\Delta x} = \frac{\Delta V}{\Delta x}$$

如图 1.22 所示,与发电机相连的两块金属板,一块带正电 $+Q(C)$,一块带负电 $-Q(C)$,设两板间的电位差为 $V(V)$。两金属板间产生等强度的电场,发出均匀的电通量。在此均匀电场中放入单位正电荷 $+1C$,无论放在什么位置,因电场强度为 E,都受到 $E(N)$ 的力。若逆着力的方向,将单位正电荷 $+1C$ 从 $-Q$ 电极移到 $+Q$ 电极,所需要做的功 $Et(J)$ 和两板间的电位差 $V(V)$ 相等,即

$$V = Et \quad (V) \tag{1.15}$$

因此,

$$E = \frac{V}{t} \quad (V/m) \tag{1.16}$$

上式也表示电位梯度 g,即电位梯度等于电场强度。

给绝缘体加电压,其绝缘击穿不是取决于对材料所加电位的大小,而是取决于电位梯度的大小。

【例 1.7】

如图 1.23 所示,空气中有三个点电荷 $+4\mu C$, $-9\mu C$, $+5\mu C$。问距三个点电荷分别为 $20cm, 30cm, 20cm$ 处的 A 点的电位是多少?

解: 分别求出三个点电荷单独存在时 A 点的电位,将其代数相加(考虑电荷的正负),即可求得 A 点电位 V。

$$V = 9 \times 10^9 \times \frac{4 \times 10^{-6}}{0.2} + 9 \times 10^9 \times \frac{(-9) \times 10^{-6}}{0.3} + 9 \times 10^9 \times \frac{5 \times 10^{-6}}{0.2}$$

$$= 9 \times 10^9 \times 10^{-6} \times \left(\frac{4}{0.2} + \frac{-9}{0.3} + \frac{5}{0.2} \right) = 135 \times 10^3 \quad (V)$$

【例 1.8】

如图 1.24 所示,在空气中距 $+Q(C)$ 点电荷 $r(m)$ 远的 A 点电位是 200V,设电位梯度为 25V/m,则电荷与 A 点的距离是多少? 电荷 Q 是多少?

解：

$$g = E = 9 \times 10^9 \times \frac{Q}{r^2} \text{ (V/m)}$$

电位的大小 V 为

$$V = 9 \times 10^9 \times \frac{Q}{r} \text{ (V)}$$

所以，

$$25 = 9 \times 10^9 \times \frac{Q}{r^2} \tag{1.17}$$

$$200 = 9 \times 10^9 \times \frac{Q}{r} \tag{1.18}$$

用式(1.18)除以式(1.17)，得

$$r = 8$$

将 $r = 8$ 代入式(1.18)，得

$$Q = 0.178 \mu C$$

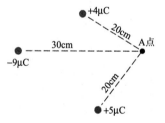

图 1.23 例 1.7

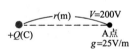

图 1.24 例 1.8

第2章

电与磁

2.1 磁铁与磁场

● 2.1.1 磁铁的性质

磁铁的性质如图 2.1 和图 2.2 所示。

作用在磁极间的力 F 为

$$F = 6.33 \times 10^4 \times \frac{m_1 m_2}{r_2} \text{(N)} \quad \text{(库仑定律)}$$

设两个磁极的强度分别为 m_1(Wb), m_2(Wb), 相互间的距离为 r(m), 则利用上式可求出作用于磁极间的力 F(N)。

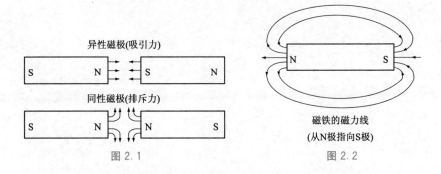

图 2.1

图 2.2

6.33×10^4 可理解为是根据力、磁极的强度、距离的单位而决定的一个系数。该系数根据 $\dfrac{1}{4\pi\mu_0} = \dfrac{1}{4\pi \times 4\pi \times 10^{-7}} \approx 6.33 \times 10^4$ 求出。符号 μ_0 表示真空中的磁导率(Permeability), 其值为 $4\pi \times 10^{-7}$(H/m)。

● 2.1.2 磁场强度和磁通密度的关系

一般情况下, 真空中或空气中磁场强度 H(A/m)和磁通密度 B(T)的关系为

$$B = \mu_0 H = 4\pi \times 10^{-7} H \quad \text{(T)}$$

2.1.3 直线电流产生的磁场

在直线长导体中通过的电流为 $I(A)$ 时,距离导体为 $r(m)$ 处的磁场强度 $H(A/m)$ 为[安培右手螺旋定则(图 2.3)]

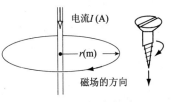

图 2.3 右手螺旋定则

$$H = \frac{I}{2\pi r} \ (A/m)$$

【例 2.1】

在空气中有两个磁极,磁极强度分别为 $m_1 = 3 \times 10^{-4}$ Wb,$m_2 = 5 \times 10^{-4}$ Wb。如果磁极间的距离为 10cm,作用于两磁极间的力 F 是多少?

解: $m_1 = 3 \times 10^{-4}$ Wb

$m_2 = 5 \times 10^{-4}$ Wb

$r = 10\text{cm} = 10 \times 10^{-2}\text{m} = 10^{-1}\text{m}$

$F = 6.33 \times 10^4 \times \dfrac{3 \times 10^{-4} \times 5 \times 10^{-4}}{(10^{-1})^2}$

$= 6.33 \times 10^4 \times 3 \times 5 \times 10^{-4} \times 10^{-4} \times 10^2$

$= 94.95 \times 10^{-2} \approx 0.95 \ (N)$

【例 2.2】

在截面积为 20cm^2 的铁心中有 1.28×10^{-4} Wb 的磁通通过,问磁通密度是多少?

解: 磁通密度是通过单位面积的磁通,所以,用截面积去除通过的磁通即可。

截面积 $A = 20\text{cm}^2 = 20 \times 10^{-4}\text{m}^2$

磁通密度 $B = \dfrac{\phi}{A} = \dfrac{1.28 \times 10^{-4}}{20 \times 10^{-4}} = 0.064 \ (T)$

【例 2.3】

如图 2.4 所示,有三个点磁极 A,B,C 在空气中处于同一直线上。A,B,C 的磁极强度分别为 1×10^{-4} Wb,2×10^{-4} Wb,3×10^{-4} Wb,求作用于 B 点的力是多少?作用力的方向是向左还是向右?

解: 先求出作用于点磁极 A,B 间的力和作用于点磁极 B,C 间的力,因为力的大小相反,故求出其差,就可求出 B 点作用力的大小和方向。

设点磁极 A、B 间作用的磁力为 F_{AB}，B、C 间作用的磁力为 F_{BC}。

$$F_{AB} = 6.33 \times 10^4 \times \frac{1 \times 2 \times 10^{-8}}{(10 \times 10^{-2})^2} = 1.27 \times 10^{-1} = 0.127 \text{ (N)}$$

$$F_{BC} = 6.33 \times 10^4 \times \frac{2 \times 3 \times 10^{-8}}{(10 \times 10^{-2})^2} = 3.80 \times 10^{-1} = 0.38 \text{ (N)}$$

F_{AB}，F_{BC} 的方向如图 2.5 所示，都是正极，相互排斥，所以作用于磁极 B 的力为 F_{AB} 与 F_{BC} 的差。

$$F_{BC} - F_{AB} = (3.80 - 1.27) \times 10^{-1} \text{N} = 0.253 \text{ (N)}$$

磁力的方向向左。

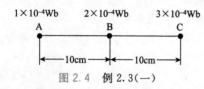

图 2.4　例 2.3（一）

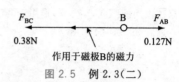

图 2.5　例 2.3（二）

【例 2.4】

在无限长的直线导体中通过电流为 6.28A 时，距离导体 10cm 处的磁场强度是多少？

解：在长的直线导体中通过电流为 I(A) 时，距离导体 r(m) 处的磁场强度 H(A/m) 可由 $H = I/2\pi r$(A/m) 求出。

因为 $I = 6.28$A，$r = 10$cm $= 10^{-1}$m，故磁场强度 H(A/m) 为

$$H = \frac{I}{2\pi r} = \frac{6.28}{2 \times 3.14 \times 10^{-1}} = 10 \text{ (A/m)}$$

2.2　磁　路

2.2.1　磁路的构成

磁路的构成如图 2.6 所示。

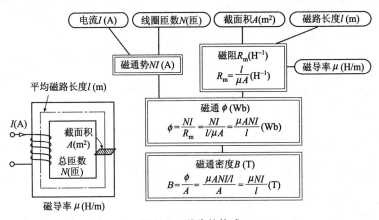

图 2.6 磁路的构成

2.2.2 磁路的计算

磁路及其等效电路如图 2.7 所示。

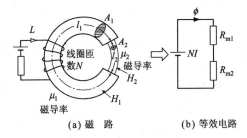

(a) 磁 路 （b) 等效电路

图 2.7 磁路及其等效电路

$$\phi = \frac{NI}{R_{m1} + R_{m2}} = \frac{NI}{(l_1/\mu_1 A_1) + (l_2/\mu_2 A_2)} \ (\text{Wb})$$

$$NI = \frac{\phi l_1}{\mu_1 A_1} + \frac{\phi l_2}{\mu_2 A_2} \ (\text{A})$$

$$NI = H_1 l_1 + H_2 l_2 \ (\text{A})$$

2.2.3 物质的磁导率

物质的磁导率 μ，由下式给出：

$$\mu = \mu_0 \mu_S = 4\pi \times 10^{-7} \mu_S$$

式中，μ_S 为物质的相对磁导率；μ_0 为真空中的磁导率。

【例 2.5】

如图 2.8 所示,有 0.5A 的电流通过匝数为 1000 匝的线圈,此时的磁通势为多少?

解:磁通势为

$$NI = 1000 \times 0.5 = 500\,(A)$$

【例 2.6】

如图 2.9 所示,有一线圈圈数为 100 匝的磁路,如果有 20A 的电流通过此线圈时,将产生 4×10^3 Wb 的磁通。问此时的磁阻 $R_m\,(H^{-1})$ 是多少?

解: 用磁通 ϕ 去除磁通势即可得到等效回路中的磁阻 R_m。由公式 $R_m = \dfrac{NI}{\phi}$ 得

$$R_m = \frac{100 \times 20}{4 \times 10^{-3}} = 5 \times 10^5\,(H^{-1})$$

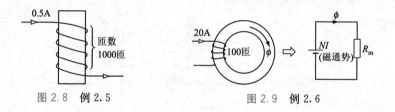

图 2.8　例 2.5　　　　　　　图 2.9　例 2.6

【例 2.7】

对于磁路长度为 40cm 的环形铁心,绕有 400 匝的线圈,当电流通过时,铁心内部的磁通密度为 1.26×10^{-2} T。如果此铁心的相对磁导率为 1000,通过线圈的电流是多少?

解: $B = \mu H = 4\pi \times 10^{-7} \times \mu_S \times H$,所以

$$1.26 \times 10^{-2} = 4\pi \times 10^{-1} \times 1000 \times H \qquad H \approx 10\,A/m$$

因为,$N = 400$,$l = 0.4$m,$H = 10$A/m,根据 $NI = Hl$ 得

$$400I = 10 \times 0.4 \qquad I = 0.01A = 10mA$$

【例 2.8】

如图 2.10 所示,有一带有气隙的环形铁心,绕有 100 匝的线圈,当有 7A 电流通时,铁心内部的磁通是多少?铁心的相对磁导率为 1000。

解: $l_1 = 2\pi \times 20 \times 10^{-2} - 1.0 \times 10^{-2}$

$\approx (125.7 - 1) \times 10^{-2}$

$= 124.7 \times 10^{-2}$ (m)

$R_1 = \dfrac{124.7 \times 10^{-2}}{4\pi \times 10^{-7} \times 1000 \times \pi \times 10^{-4}} \approx 3.16 \times 10^6$ (H^{-1})

$R_2 = \dfrac{1 \times 10^{-2}}{4\pi \times 10^{-7} \times \pi \times 10^{-4}} \approx 2.54 \times 10^7$ (H^{-1})

$R_m = (3.16 + 25.4) \times 10^6 = 28.56 \times 10^6$ (H^{-1})

$\phi = \dfrac{100 \times 7}{28.56 \times 10^6} \approx 2.45 \times 10^{-5}$ (Wb)

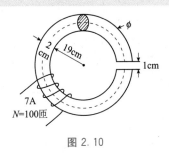

图 2.10

2.3 楞次定律

2.3.1 感应电动势的方向与大小

如图 2.11 所示,如果移动磁铁,则在线圈中产生感应电流,该感应电流的方向总是使它所产生的磁通阻碍外部磁通的变化,这就是楞次定律。

感应电动势的大小,与穿过线圈的磁通变化率成正比。

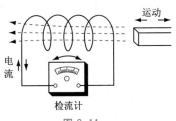

图 2.11

$$e = \frac{\Delta\phi}{\Delta t} \text{ (V)}$$

$$e = N \frac{\Delta \phi}{\Delta t} \text{ (V)}$$

一匝线圈中的磁通,在 1s 内以 1Wb 的变化率变化时,所产生的感应电动势 e 的大小是 1V。如果线圈为 N 匝,则感应电动势 e 变为 N 倍。

2.3.2　自感作用

如果线圈中的电流发生变化,由该电流产生的磁通亦随之改变,此时线圈中将产生感应电压(电动势)e,此现象叫做自感作用,如图 2.12 所示。

$$e = L \frac{\Delta I}{\Delta t} \text{ (V)}$$

↓
线圈本身的电感(自感系数)

当圈数为 N 匝的线圈中有电流 I 通过,产生的与线圈交链的磁通为 ϕ 时,其自感系数(自感)为 $L = N\phi / I$,单位用亨[利](H)表示。

2.3.3　环状线圈的自感系数

环状线圈如图 2.13 所示,其自感系数如下式。

$$L = \frac{\mu_0 \mu_{\text{s}} A N^2}{l} \text{ (H)}$$

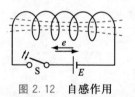

图 2.12　自感作用

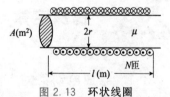

图 2.13　环状线圈

【例 2.9】

穿过 500 匝线圈的磁通,在 5s 内由 0.2Wb 增加到 0.6Wb,这时线圈中的感应电动势为多少?

解:由题意可知,$\Delta t = 0.5\text{s}$,$N = 500$ 匝,$\Delta \phi = 0.6 - 0.2 = 0.4$(Wb),感应电动势 e 的大小如下。

$$e = N \frac{\Delta \phi}{\Delta t} = 500 \times \frac{0.4}{0.5} = 400 \text{ (V)}$$

【例2.10】

如图2.14所示,标出磁铁按箭头方向运动瞬间线圈P中的电流方向。

解: 图2.14(a)中S远离线圈时磁通量减少,这时,在线圈中将产生欲保持原磁通(ρ_0)状态的感应电流,如图2.15所示,所以电流的方向为b→a。图2.14(b)中N靠近线圈,磁通量增加,这时,在线圈中将产生阻碍磁通(ρ_0)增加的感应电流,所以电流的方向为b→a。

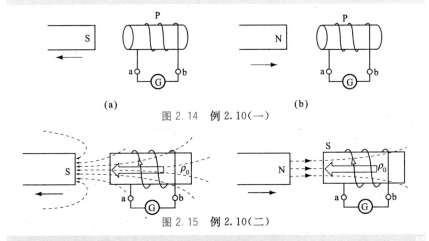

图2.14 例2.10(一)

图2.15 例2.10(二)

【例2.11】

通过某线圈的电流在2ms内变化量为2A,此时产生的感应电动势为5V。求自感系数 L(mH)是多少?

解: $L = 5 \times 10^{-3}\text{H} = 5\text{mH}$。

【例2.12】

在自感系数为10mH的线圈中有250mA的电流通过。如果线圈的圈数为200匝,那么产生的磁通是多少?

解: 如图2.16所示,200匝的线圈内有250mA的电流通过时,产生的磁通 ϕ(Wb)可以由公式 $\phi = \dfrac{LI}{N}$ 求出。

根据题意可知,

$$I = 250\text{mA} = 250 \times 10^{-3}\text{A}$$
$$L = 10\text{mH} = 10 \times 10^{-3}\text{H}$$

$$N = 200$$
$$\phi = 10 \times 10^{-3} \times 250 \times 10^{-3} \times \frac{1}{200} = 1.25 \times 10^{-5} \ (\text{Wb})$$

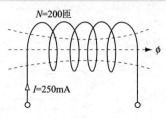

图 2.16 例 2.12

2.4 左手定则和右手定则

2.4.1 电磁力

电磁力的大小与磁场的磁通密度 $B(\text{T})$ 和电流 $I(\text{A})$ 的乘积成正比,也与放入磁场中导体的长度成正比。

如图 2.17 所示,根据弗莱明左手定则知作用于与磁通构成 θ 角导体 l 的电磁力 F 为

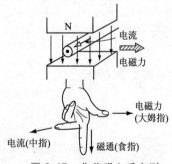

图 2.17 弗莱明左手定则

$$F = BlI\sin\theta \ (\text{N})$$
$$F = BlI \ (\text{N}) (\theta = 90° \text{时})$$

2.4.2 作用于矩形线圈的力

如图 2.18 和图 2.19 所示,作用于线圈边沿的力 $F(\text{N})$ 为
$$F = 2IBaN$$
以 xx′为中心旋转的力形成的力矩为
$$T = F \times \frac{b}{2} = 2IBaN \times \frac{b}{2} = IBabN \ (\text{N} \cdot \text{m})$$

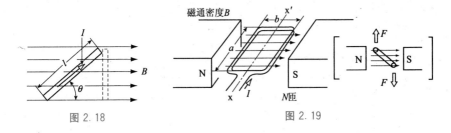

图 2.18   图 2.19

2.4.3 导体在磁场中移动而产生的电动势

如图 2.20 所示,导体在磁场中移动产生的电动势符合弗莱明右手定则。

$$e = Blv \text{ (V)}$$

式中,B 为磁通密度(T);l 为有效长度(m);v 为切割磁通的速度(m/s)。

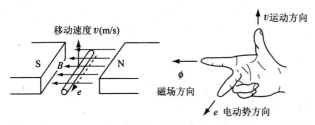

图 2.20 弗莱明右手定则

【例 2.13】

图 2.21 是测试作用于磁场和电流之间力的实验装置。在图 2.22 中,通过线圈的电流 I 如箭头所示时,在图中用箭头标出线圈将如何运动。

解:根据弗莱明左手定则,由磁场方向及电流方向来决定电磁力,使线圈移动。结果如图 2.23 所示。

【例 2.14】

在磁通密度为 4T 的磁场中,有一长度为 3m 的直线导体与磁场的方向成直角。当有 5A 的电流通过此导体时,求作用于导体的力 F 的大小。

解:求作用于导体的力的公式为 $F = BIl\sin\theta$。其中,直线导体与磁场的方向是直角,所以 $\theta = 90°$,即按 $\sin\theta = 1$ 计算即可。

作用于导体的力为

$$F＝BlI＝4×3×5＝60（N）$$

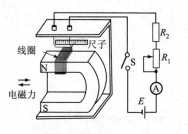

线圈　尺子

电磁力

R_2

R_1

S

E

图 2.21　例 2.13(一)

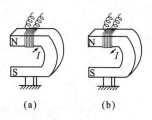

(a)　(b)

图 2.22　例 2.13(二)

【例 2.15】

在磁通密度为 1T 的磁场内,有一长度为 30cm、宽度为20cm、圈数为 200 匝的矩形线圈。通过线圈中的电流为 30mA。当线圈与磁场方向倾斜角度为 60°时,力矩是多少?

解:$T＝1×30×10^{-3}×0.2×0.3×200×\dfrac{1}{2}＝0.36×\dfrac{1}{2}$

$$＝0.18（N·m）$$

【例 2.16】

如图 2.24 所示,在磁通密度为 0.2T 的磁场中,有一与磁场成直角的长度为40cm 的直线导体。当导体在与磁场成直角的方向以 5m/s 的速度运动时,此导体中产生的电压是多少?

解:根据题意,产生的电压可由公式 $e＝Blv$ 求出,因 $B＝0.2T$,$l＝40cm＝0.4m$,$v＝5m/s$,故 $e＝0.2×0.4×5＝0.4(V)$。

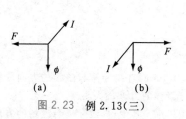

(a)　(b)

图 2.23　例 2.13(三)

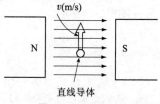

v(m/s)

N　S

直线导体

图 2.24　例 2.16

【例 2.17】

有一长度为 20cm 的导体,以某个速度在磁场中移动,该导体的运动方向与磁场成 90°,磁场的磁通密度为 0.6T,此时产生的感应电动势为 6V,试问导体的运动速度是多少?

解:$B=0.6\mathrm{T}, l=0.2\mathrm{m}, e=6\mathrm{V}$

$$v=\frac{e}{Bl}=\frac{6}{0.6\times0.2}=50\ (\mathrm{m/s})$$

2.5 互 感

2.5.1 关于电磁感应的法拉第定律

关于电磁感应的法拉第定律如下式:

$$e=N\,\frac{\Delta\phi}{\Delta t}\ (\mathrm{V})$$

磁通链 $=N\phi\ (\mathrm{Wb})$

2.5.2 互感电动势

如图 2.25 所示,当初级线圈的电流在 Δt 内变化 ΔI_1 时,假设在次级线圈上交链磁通的变化为 $\Delta\phi_1$,则在匝数为 N_2 的次级线圈上所产生的感应电动势 e_2 为

$$e_2=N_2\,\frac{\Delta\phi}{\Delta t}\ (\mathrm{V}) \tag{2.1}$$

因为 $\Delta\phi_1$ 与 ΔI_1 成正比,若设比例系数为 M,则

$$e_2=M\,\frac{\Delta I_1}{\Delta t}\ (\mathrm{V}) \tag{2.2}$$

称 M 为互感,单位为亨[利],用 H 表示。

由式(2.1)、式(2.2)可得

$$N_2=\frac{\Delta\phi_1}{\Delta t}=M\,\frac{\Delta I_1}{\Delta t}$$

$$M = N_2 \frac{\Delta \phi_1}{\Delta I_1} \ (\text{H})$$

2.5.3　变压器的结构

变压器的结构如图 2.26 所示,由 $\frac{E_1}{E_2} = \frac{N_1}{N_2}$ 可得

$$E_2 = \frac{N_2}{N_1} E_1 \ (\text{V})$$

由 $\frac{I_1}{I_2} = \frac{N_2}{N_1}$ 可得

$$I_2 = \frac{N_1}{N_2} I_1 \ (\text{A})$$

$$\frac{E_1}{E_2} = \frac{N_1}{N_2} = \frac{I_2}{I_1}$$

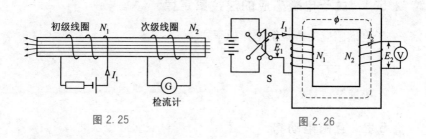

图 2.25　　　　　　　　　　图 2.26

【例 2.18】

当两个线圈间的互感为 20mH 时,若其中一个线圈中的电流在 10ms 内变化了 6A,那么,在另一个线圈中产生的互感电压 v_2 为多少?

解: 由互感及电流对时间的变化率的乘积来求感应电压 v_2。

$$M = 20\text{mH} = 20 \times 10^{-3} \text{H} \quad \Delta t = 10\text{ms} = 10 \times 10^{-3} \text{s}$$

$$\Delta I = 6\text{A}$$

$$v_2 = M \frac{\Delta I}{\Delta t} = 20 \times 10^{-3} \times \frac{6}{10 \times 10^{-3}} = 12 \ (\text{V})$$

【例 2.19】

有一个绕有两个线圈的环形铁心。初级线圈为 1000 匝,次级线圈为 2000 匝,铁心的截面积为 $2cm^2$,相对磁导率为 1000,磁路的长度为 0.4m。试求此时的互感 M 是多少? $\mu_0 = 4\pi \times 10^{-7} H/m$。

解:线圈的互感如图 2.27 所示。

穿过次级线圈的磁通,在 $\Delta t(s)$ 内增加 $\Delta \phi(Wb)$ 时所产生的感应电压 v_2 为

$$v_2 = N_2 \frac{\Delta I_1}{\Delta t} \text{ (V)} \tag{2.3}$$

流过初级线圈的电流在 $\Delta t(s)$ 内增加 $\Delta I_1(A)$ 时的感应电压 $v_2(V)$ 为

$$v_2 = M \frac{\Delta I_1}{\Delta t} \text{ (V)} \tag{2.4}$$

由式(2.3)、式(2.4)得

$$M = N_2 \frac{\Delta \phi}{\Delta I_1}$$

根据 2.2 节介绍的磁路,由 $\phi = \frac{\mu A N_1 I_1}{l}$ 得

$$\Delta \phi = \frac{\mu A N_1 \Delta I_1}{l}, \frac{\Delta \phi}{\Delta I_1} = \frac{\mu A N_1}{l}$$

所以,

$$M = N_2 \frac{\mu A N_1}{l} = \frac{\mu_0 \mu_S A N_1 N_2}{l} \text{ (H)}$$

$$A = 2cm^2 = 2 \times 10^{-4} m^2, N_1 = 1000, N_2 = 2000$$

$$l = 0.4m, \mu_s = 1000$$

$$M = \frac{\mu_0 \mu_S A N_1 N_2}{l}$$

$$= \frac{4 \times 3.14 \times 10^{-7} \times 1000 \times 2 \times 10^{-4} \times 1000 \times 2000}{0.4}$$

$$= 125.6 \times 10^{-2} = 1.26 \text{ (H)}$$

【例 2.20】

线圈 A 的电流在 1/100s 内变化 5A,在线圈 B 中感应出了 23V 的电动势。试问两线圈的互感为多少?

解:使线圈 A 的电流产生变化,在线圈 B 中感应出的电压为 $v_2(V)$ 时,公式 $v_2 = \frac{\Delta I}{\Delta t}$ 成立。因此,互感可由公式 $M = v_2 \frac{\Delta t}{\Delta I}$ 求得。

依据题意,$v_2 = 23V, \Delta t = 10^{-2}s, \Delta I = 5A$。

$$M = \frac{v_2 \Delta t}{\Delta I} = \frac{23 \times 10^{-2}}{5} = 4.6 \times 10^{-2}\,\mathrm{H} = 46\,(\mathrm{mH})$$

【例 2.21】

当在一个线圈中通入 5A 的电流,而在另一个匝数为 400 匝的线圈中交链磁通为 5×10^{-3} Wb,试求两线圈的互感。

解:如图 2.28 所示,在一个线圈中通入 5A 的电流时,在 400 匝的线圈中其交链磁通为 $\phi = 5 \times 10^{-3}$ Wb。此时互感 $M(\mathrm{H})$ 由 $M = N(\phi/I)(\mathrm{H})$ 来求得。

$$N = 400\ \text{匝},\ \phi = 5 \times 10^{-3}\,\mathrm{Wb},\ I = 5\mathrm{A}$$

$$M = 400 \times \frac{5 \times 10^{-3}}{5} = 400 \times 10^{-3} = 400\,(\mathrm{mH})$$

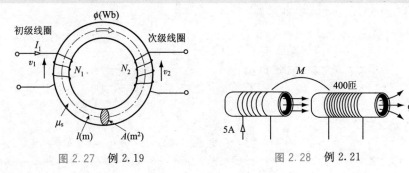

图 2.27　例 2.19　　　　　　图 2.28　例 2.21

2.6　电磁能与磁化作用

2.6.1　电磁能

在自感 L_1 的线圈中通入 $I(\mathrm{A})$ 的电流时,假设在该线圈中储存的电磁能为 $W(\mathrm{J})$,则有如下的关系:

$$W = \frac{1}{2}LI^2\ (\mathrm{J})$$

2.6.2　单位体积储存的能量

单位体积所储存的能量如下式:

$$W = \frac{1}{2}\mu H^2 Al \ (\text{J}), w = \frac{1}{2}\mu H^2 \ (\text{J/m}^3)$$

$$w = \frac{1}{2}BH \ (\text{J/m}^3) = \frac{1}{2}\frac{B^2}{\mu} \ (\text{J/m}^3)$$

式中,μ 为磁导率;H 为磁路的磁场强度;A 为断面积(铁心);l 为有效长度;β 为磁路的磁通密度。

2.6.3 磁芯材料和永磁材料

磁芯材料和永磁材料如图 2.29 所示。

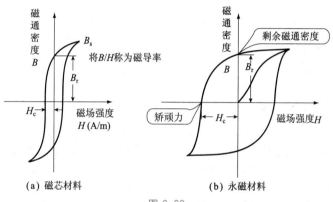

(a) 磁芯材料   (b) 永磁材料

图 2.29

【例 2.22】

当有 5A 的电流通过自感系数为 10H 的线圈时,线圈中储存的电磁能 W(J)是多少?

解: 已知 $L = 10\text{H}$,$I = 5\text{A}$,根据公式 $W = 1/2LI^2$ 得

$$W = 1/2LI^2 = 1/2 \times 10 \times 5^2 = 5 \times 25 = 125 \ (\text{J})$$

【例 2.23】

自感系数为 100mH 的线圈中储存的电磁能是 2J,求通过线圈的电流是多少?

解: 当电流 I(A)通过自感系数为 L(H)的线圈时,因为在该线圈中储存的能量为 $LI^2/2$(J),根据题意即可求出电流。

$$L = 100 \times 10^{-3}\text{H}, W = 2\text{J}$$

$$电流 \ I = \sqrt{\frac{2W}{L}} = \sqrt{\frac{2 \times 2}{100 \times 10^{-3}}} = \sqrt{40} \approx 6.32 \ (\text{A})$$

【例 2. 24】

当铁心的磁通密度为 1.0T 时,试求储存在该铁心中的单位体积的能量。设铁心的相对磁导率为 500。

解:设磁路的截面积为 $A(\mathrm{m}^2)$,磁路的平均长度为 $l(\mathrm{m})$,磁导率为 μ,磁通密度为 $B(\mathrm{Wb/m}^2)$,磁场强度为 $H(\mathrm{A/m})$,由解题要点可知,$W=\dfrac{HBAl}{2}(\mathrm{J})$。因此在单位体积中储存的能量 w 为

$$w=\frac{W}{Al}=\frac{1}{2}HB=\frac{1}{2}\frac{B^2}{\mu}\ (\mathrm{J/m}^3)$$

依据题意可知,$B=1.0\mathrm{T},\mu_s=500$。

$$w=\frac{1}{2}\frac{B^2}{\mu}=\frac{1}{2}\times\frac{1}{4\pi\times10^{-7}\times500}\approx\frac{1}{12.6\times10^{-4}}$$

$$\approx794\ (\mathrm{J/m}^3)$$

【例 2. 25】

如图 2.30 所示,截面铁心是用硅钢片制造的,在这一铁心上绕有 200 匝的线圈。要使铁心的磁通密度达到2.0T,线圈中需要多大的电流?

解:磁场与磁通势的关系式为 $NI=Hl$。从此公式中可以求出电流,l 为磁路的平均长度,H 可以从图 2.30(b)所示的 B-H 曲线中求出。

$$l=(8.5+13.5)\times2\mathrm{cm}=44\mathrm{cm}=44\times10^{-2}\ (\mathrm{m})$$

$$H=1400\mathrm{A/m},N=200\ 匝$$

根据 $NI=Hl$ 得出 $200I=1400\times44\times10^{-2}$,则

$$I=\frac{1400\times44}{200}\times10^{-2}=308\times10^{-2}=3.08\ (\mathrm{A})$$

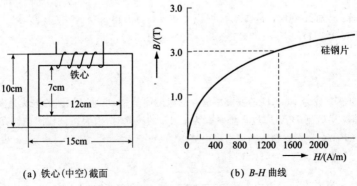

(a) 铁心(中空)截面　　　　　(b) B-H 曲线

图 2.30　例 2.25

第 3 章

直流电路

3.1 电阻的连接方法

● 3.1.1　两个电阻的连接方法

　　把两个电阻连接起来有两种方法。一种是图 3.1(a)所示的串联,另一种是图 3.1(b)所示的并联。这两种连接方法是把多个电阻进行各种连接时的基本连接方法。

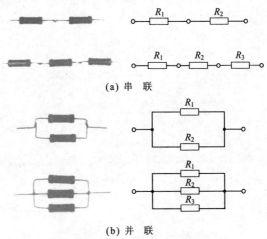

图 3.1　电阻的连接方法

● 3.1.2　串　联

　　串联是一个电阻的电流出口与另一个电阻的电流入口相连的方法,如图 3.2 所示。因此,两个电阻中的电流相同。

● 3.1.3　并　联

　　并联是两个电阻的电流入口与入口、出口与出口连在一起,这时两个电阻上所加的电压相同。

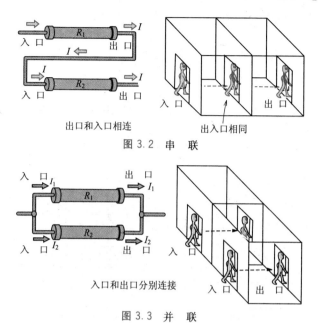

出口和入口相连   出入口相同

图 3.2　串　联

入口和出口分别连接

图 3.3　并　联

3.2 电阻串联

3.2.1　电阻串联时,电阻值增大

如图 3.4 所示,两个相同灯泡串联时,其亮度比只用一个时暗。两个灯泡串联的电路相当于两个电阻 $R(\Omega)$ 的串联,此电阻 $R(\Omega)$ 为一个灯泡的电阻。灯泡变暗是因为电流减小引起的。由欧姆定律知道,电源电压相同时,如果电流减少,就说明电阻变大了。

3.2.2　串联等效电阻

如图 3.5 所示,$R_1(2\Omega)$ 和 $R_2(3\Omega)$ 两个电阻串联后加 5V 电压。在此电路中流过的电流为 I,R_1,R_2 上的电压为 V_1,V_2,即

$$V_1 = R_1 I \qquad V_2 = R_2 I$$
$$V = V_1 + V_2 = R_1 I + R_2 I$$

$$= (R_1 + R_2) I$$

所以，

$$I = \frac{V}{R_1 + R_2} = \frac{5}{2+3} = 1 \ (\text{A})$$

令电压与电流之比为 $\frac{V}{I} = R$，此 R 称为串联等效电阻。串联等效电

阻 $R = R_1 + R_2 = \frac{V}{I} = 2 + 3 = 5 \ (\Omega)$。

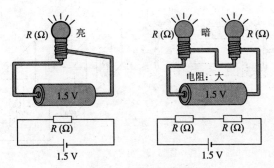

图 3.4　灯泡的串联

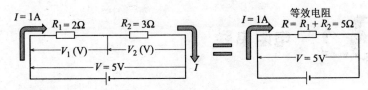

图 3.5　串联的等效电阻

3.2.3　各电阻上所加的电压

现考虑一下三个电阻（$R_1 = 5\Omega, R_2 = 2\Omega, R_3 = 3\Omega$）的串联电路，如图

3.6 所示。等效电阻为 $R = R_1 + R_2 + R_3 = 5 + 2 + 3 = 10 \ (\Omega)$。

$$\text{电流} \ I = \frac{V}{R} = \frac{5}{10} = 0.5 \ (\text{A})$$

各电阻上所加的电压如下：

$$V_1 = IR_1 = 0.5 \times 5 = 2.5 \ (\text{V})$$

$$V_2 = IR_2 = 0.5 \times 2 = 1.0 \ (\text{V})$$

$$V_3 = IR_3 = 0.5 \times 3 = 1.5 \ (\text{V})$$

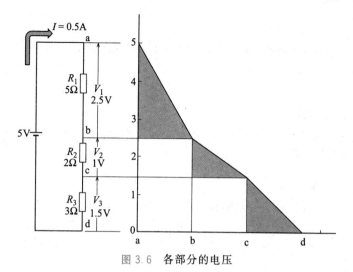

图 3.6 各部分的电压

在电阻中通过电流时,电阻两端出现电压。这是由于电阻所引起的电压降,所以称为电阻压降。电压降的大小由电流和电阻的乘积而定,而电压是沿电流方向降落。电阻 $R(\Omega)$ 中有电流 $I(A)$ 时,电阻两端电压 $V(V)$ 为

$$V = IR$$

3.2.4 串联电路的计算

在计算串联电路的电流时,先计算等效电阻,再用等效电阻除电源电压就可求得。各电阻上的电压用电路电流乘电阻就可以了。

【例 3.1】

如图 3.7 所示,三个电阻($R_1 = 40\Omega$,$R_2 = 50\Omega$,$R_3 = 60\Omega$)串联接于 3V 电源上,计算等效电阻 $R(\Omega)$、电路中的电流 $I(A)$ 和各部分电压 V_1,V_2,V_3。

解: $R = R_1 + R_2 + R_3$

$\qquad = 40 + 50 + 60 = 150\ (\Omega)$

$I = \dfrac{V}{R} = \dfrac{3}{150}$

$\qquad = 0.02\,(A) = 20\,(mA)$

$V_1 = IR_1 = 0.02 \times 40 = 0.8\,(V)$

$V_2 = IR_2 = 0.02 \times 50 = 1.0\,(V)$

$$V_3 = IR_3 = 0.02 \times 60 = 1.2 \text{ (V)}$$

因为电阻中有电流时电压降与电阻成正比,所以如果两个电阻串联时,电压按一定比例分压。

【例 3.2】

如图 3.8 所示,用电阻把 10V 电压分成 7V 和 3V,两个串联电阻各为多少?设总电阻为 100Ω。

解: $I = \dfrac{V}{R} = \dfrac{10}{100} = 0.1 \text{ (A)}$

$R_1 = \dfrac{V_1}{0.1} = \dfrac{7}{0.1} = 70 \text{ (}\Omega\text{)}$

$R_2 = \dfrac{V_2}{I} = \dfrac{0.3}{0.1} = 30 \text{ (}\Omega\text{)}$

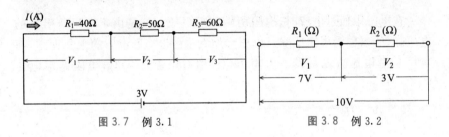

图 3.7 例 3.1   图 3.8 例 3.2

 **电阻并联**

3.3.1 电阻并联时,电阻值减小

如图 3.9 所示,两个灯泡并联时灯泡亮度和只接一个时相同。这是因为不管只接一个还是两个,每个灯泡中的电流相同。但两个并联时因总电流增至 2 倍,故总电阻减至 $\dfrac{1}{2}$。

3.3.2 并联等效电阻

如图 3.10 所示,现求两个电阻 $R_1(\Omega)$、$R_2(\Omega)$ 并联时的等效电阻。

图 3.13(a)中，$I=I_1+I_2=\dfrac{V}{R_1}+\dfrac{V}{R_2}=V\left(\dfrac{1}{R_1}+\dfrac{1}{R_2}\right)$，因此，并联等效电

阻 $R=\dfrac{1}{\dfrac{1}{R_1}+\dfrac{1}{R_2}}=\dfrac{R_1R_2}{R_1+R_2}$。

三个电阻并联时，等效电阻为

$$R=\dfrac{1}{\dfrac{1}{R_1}+\dfrac{1}{R_2}+\dfrac{1}{R_3}}$$

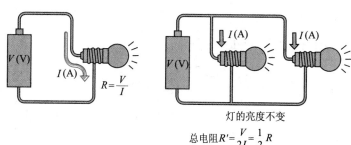

图 3.9 灯泡的并联

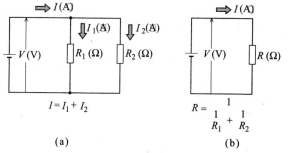

图 3.10 并联等效电阻

3.3.3 各电阻中的电流

现求两个电阻并联时各电阻中电流的大小，如图 3.11 所示。

图 3.14 中的等效电阻 R 为

$$R=\dfrac{1}{\dfrac{1}{R_1}+\dfrac{1}{R_2}}=\dfrac{R_1R_2}{R_1+R_2}=\dfrac{3\times2}{3+2}=1.2\ (\Omega)$$

电阻两端的电压 $V\,(\mathrm{V})$ 为

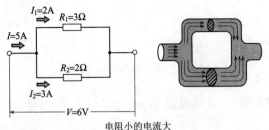

电阻小的电流大

图 3.11   两个电阻中的电流

$$V=IR=I\times\frac{R_1R_2}{R_1+R_2}=5\times1.2=6\,(V)$$

各电阻中电流 $I_1(A)$ 和 $I_2(A)$ 为

$$I_1=\frac{V}{R_1}=\frac{I\times\dfrac{R_1R_2}{R_1+R_2}}{R_1}=I\times\frac{R_2}{R_1+R_2}$$

$$=5\times\frac{2}{5}=2\,(A)$$

$$I_2=\frac{V}{R_2}=\frac{I\times\dfrac{R_1R_2}{R_1+R_2}}{R_2}=I\times\frac{R_1}{R_1+R_2}$$

$$=5\times\frac{3}{5}=3\,(A)$$

下面计算一下 I_1 与 I_2 之比：

$$\frac{I_1}{I_2}=\frac{I\times\dfrac{R_2}{R_1+R_2}}{I\times\dfrac{R_1}{R_1+R_2}}=\frac{R_2}{R_1}$$

两个电阻并联时,各电阻中电流与电阻值成反比。

3.3.4   并联电路的计算

求并联电路的总电流时,可先求等效电阻,然后用等效电阻除电源电压。另外也可分别求出各电阻中电流,然后再相加。

【例 3.3】

如图 3.12 所示,三个电阻(2Ω,3Ω,6Ω)并联,给此并联电路加上 6V 电压时,总电流为多少 A?

解:等效电阻为

$$R = \cfrac{1}{\cfrac{1}{R_1} + \cfrac{1}{R_2} + \cfrac{1}{R_3}} = \cfrac{1}{\cfrac{1}{2} + \cfrac{1}{3} + \cfrac{1}{6}}$$

$$= \cfrac{1}{\cfrac{3+2+1}{6}} = 1 \ (\Omega)$$

$$I = \frac{V}{R} = \frac{6}{1} = 6 \ (A)$$

另解:$I_1 = \dfrac{V}{R_1} = \dfrac{6}{2} = 3 \ (A)$

$$I_2 = \frac{V}{R_2} = \frac{6}{3} = 2 \ (A)$$

$$I_3 = \frac{V}{R_3} = \frac{6}{6} = 1 \ (A)$$

$$I = I_1 + I_2 + I_3 = 3 + 2 + 1 = 6 \ (A)$$

【例 3.4】

如图 3.13 所示,欲将 10A 分流为 6A 和 4A,求 R_1,R_2 该为多少?设 R_1,R_2 的等效电阻为 6Ω。

解:$V = IR = 10 \times 6 = 60 \ (V)$

$$R_1 = \frac{V}{I_1} = \frac{60}{6} = 10 \ (\Omega)$$

$$R_2 = \frac{V}{I_2} = \frac{60}{4} = 15 \ (\Omega)$$

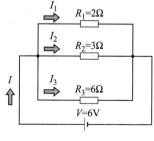

图 3.12 例 3.3

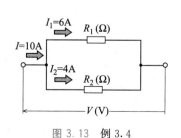

图 3.13 例 3.4

【例 3.5】

求三个电阻（2Ω、3Ω、4Ω）并联时的等效电阻 R。

解：$R = \dfrac{1}{\dfrac{1}{R_1} + \dfrac{1}{R_2} + \dfrac{1}{R_3}}$

$= \dfrac{1}{\dfrac{1}{2} + \dfrac{1}{3} + \dfrac{1}{4}} = \dfrac{1}{\dfrac{6}{12} + \dfrac{4}{12} + \dfrac{3}{12}}$

$= \dfrac{1}{\dfrac{13}{12}} = \dfrac{12}{13} = 0.923 \; (\Omega)$

3.4　串并联混接电路

3.4.1　三个电阻的不同连接

三个 3Ω 电阻的各种连接形式如图 3.14 所示。

图 3.14(a) 是三个电阻串联，合成电阻为 9Ω，是一个电阻时的 3 倍；图 3.14(b) 是三个电阻并联，合成电阻为 1Ω，是一个电阻时的 1/3；图 3.14(c) 和图 3.14(d) 是串联和并联的组合，称为串并联电路。

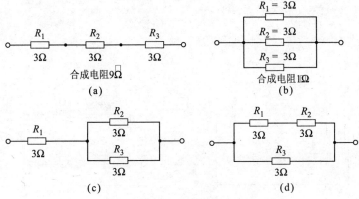

图 3.14　三个电阻的连接方法

3.4.2 串并联电路的等效电阻

通过若干次计算串联和并联的等效电阻可求得串并联的等效电阻。从单纯串联或并联的部分开始计算即可。对于图 3.14(c)的情况,按图 3.15 所示的顺序进行,而对于图 3.14(d)的情况,则按图 3.16 的顺序进行。

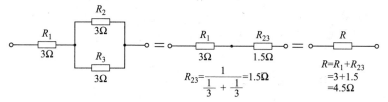

$$R_{23}=\frac{1}{\frac{1}{3}+\frac{1}{3}}=1.5\Omega$$

$$R=R_1+R_{23}$$
$$=3+1.5$$
$$=4.5\Omega$$

图 3.15 串并联电路的等效电阻(一)

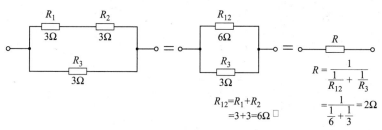

$$R_{12}=R_1+R_2$$
$$=3+3=6\Omega$$

$$R=\frac{1}{\frac{1}{R_{12}}+\frac{1}{R_3}}$$
$$=\frac{1}{\frac{1}{6}+\frac{1}{3}}=2\Omega$$

图 3.16 串并联电路的等效电阻(二)

3.4.3 串并联电路的计算

没有为了计算串并联电路各部分电流而规定的计算顺序。对不同电路要用效率最高的方法进行计算。要很快找到这种计算顺序,需要进行一定程度的练习。

【例 3.6】

求图 3.17 所示电路中各部分的电流和电压。

解:① 计算 R_1 和 R_2 及 R_3 和 R_4 的等效电阻 R_{12},R_{34}。

$$R_{12}=\frac{1}{\frac{1}{R_1}+\frac{1}{R_2}}=\frac{R_1R_2}{R_1+R_2}=\frac{5\times6}{5+6}=2.727\,(\Omega)$$

$$R_{34}=\frac{1}{\frac{1}{R_3}+\frac{1}{R_4}}=\frac{R_3R_4}{R_3+R_4}=\frac{7\times8}{7+8}=3.733\,(\Omega)$$

② 计算总电流 I。

$$I = \frac{V}{R_{12} + R_{34}} = \frac{10}{2.727 + 3.733} = 1.548\,(\mathrm{A})$$

③ 计算电压 V_1, V_2。

$$V_1 = IR_{12} = 1.548 \times 2.727 = 4.22\,(\mathrm{V})$$

$$V_2 = IR_{34} = 1.548 \times 3.733 = 5.78\,(\mathrm{V})$$

④ 计算 I_1, I_2, I_3, I_4。

$$I_1 = \frac{V_1}{R_1} = \frac{4.22}{5} = 0.844\,(\mathrm{A})$$

$$I_2 = \frac{V_1}{R_2} = \frac{4.22}{6} = 0.703\,(\mathrm{A})$$

$$I_3 = \frac{V_2}{R_3} = \frac{5.78}{7} = 0.826\,(\mathrm{A})$$

$$I_4 = \frac{V_2}{R_4} = \frac{5.78}{8} = 0.723\,(\mathrm{A})$$

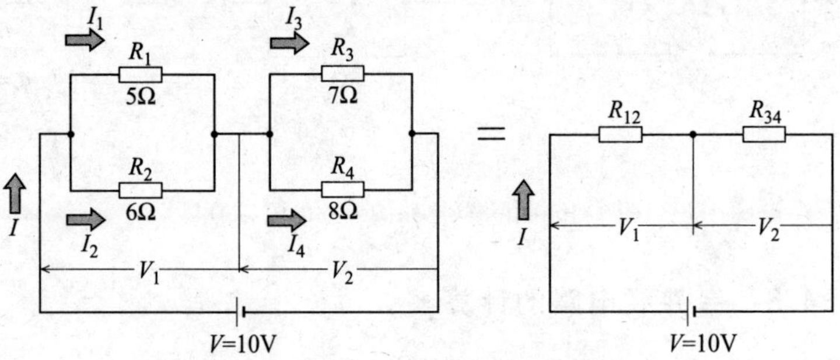

图 3.17　例 3.6

【例 3.7】

计算图 3.18 所示电路中各部分电流和电压。

解: ① 计算各部分的电流。

$$I_1 = \frac{V}{R_1 + R_3} = \frac{10}{5 + 7} = 0.833\,(\mathrm{A})$$

$$I_2 = \frac{V}{R_2 + R_4} = \frac{10}{6 + 8} = 0.714\,(\mathrm{A})$$

$$I = I_1 + I_2 = 0.833 + 0.714 = 1.547\,(\mathrm{A})$$

② 计算各部分的电压。

$$V_1 = I_1 R_1 = 0.833 \times 5 = 4.165\,(\mathrm{V})$$

$$V_2 = I_2 R_2 = 0.714 \times 6 = 4.284 \text{ (V)}$$
$$V_3 = I_1 R_3 = 0.833 \times 7 = 5.831 \text{ (V)}$$
$$V_4 = I_2 R_4 = 0.714 \times 8 = 5.712 \text{ (V)}$$

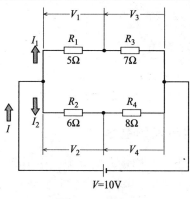

图 3.18　例 3.7

3.5　扩大电流表和电压表的量程

3.5.1　电流表和电压表的内部结构

电流表和电压表内部结构是什么样子呢？图 3.19 示出了电流表的内部结构及其电路图,图 3.20 为电压表的内部结构及其电路图。

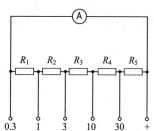

(a) 内部结构　　　　　　　　(b) 电路图

图 3.19　电流表内部

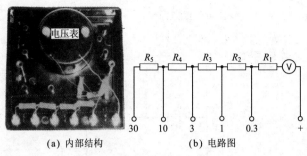

(a) 内部结构　　　　(b) 电路图

图 3.20　电压表内部

3.5.2　扩大电流表的量程

如何用小量程的电流表测量大电流呢？用 10A 的电流表测量 100A 的电流时，如图 3.21(a) 所示，可将 90A 不通过电流表，即分流掉。

现对图 3.21(b) 中电流表并联接有 $r_s(\Omega)$ 的情况，计算一下总电流 $I(A)$ 和电流表中电流 i_a 的关系。图中的 r_a 为电流表的内部电阻（以下简称内阻）。因 r_a 和 r_s 的电压降相等，所以

$$i_a r_a = I_s r_s, \quad I_s = i_a \frac{r_a}{r_s}$$

总电流为

$$I = i_a + I_s = i_a + i_a \frac{r_a}{r_s} = \left(1 + \frac{r_a}{r_s}\right) i_a$$

$$I = m i_a \quad \left(m = \frac{I}{i_a} = 1 + \frac{r_a}{r_s}\right)$$

总电流是电流表电流 i_a 的 m 倍。r_s 称为分流器，而 m 为分流器的倍率。在图 3.21(a) 的情况下，$m = 10$，如果电流表内阻 r_a 为 5Ω，那么 r_s 取下式所示值即可得

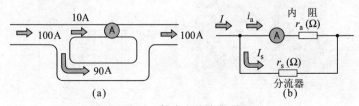

图 3.21　扩大电流表的量程

$$r_{\mathrm{s}} = \frac{r_{\mathrm{a}}}{m-1} = \frac{5}{10-1} = 0.556\ (\Omega)$$

3.5.3 扩大电压表的量程

为扩大电压表的量程,要在电压表外侧接一个与电压表串联的电阻 R_{m},如图 3.22 所示,此电阻称为倍压器。图中 r_{v} 为电压表内阻。

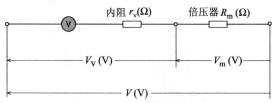

图 3.22　扩大电压表的量程

现在求一下电压表指示电压 V_{v} 和总电压 V 的关系。因为 r_{v} 中电流和 R_{m} 中电流相同,所以

$$\frac{V_{\mathrm{v}}}{r_{\mathrm{v}}} = \frac{V_{\mathrm{m}}}{R_{\mathrm{m}}}, V_{\mathrm{m}} = \frac{R_{\mathrm{m}}}{r_{\mathrm{v}}} \cdot V_{\mathrm{v}}$$

总电压 V 为

$$V = V_{\mathrm{v}} + V_{\mathrm{m}} = V_{\mathrm{v}} + \frac{R_{\mathrm{m}}}{r_{\mathrm{v}}} V_{\mathrm{v}} = \left(1 + \frac{R_{\mathrm{m}}}{r_{\mathrm{v}}}\right) V_{\mathrm{v}} = m V_{\mathrm{v}}$$

式中,$m = \dfrac{V}{V_{\mathrm{v}}} = 1 + \dfrac{R_{\mathrm{m}}}{r_{\mathrm{v}}}$。

即总电压 V 是电压表指示电压 V_{v} 的 m 倍,m 称为倍压器的倍率。

【例 3.8】

用 3V 的电压表测量 100V 时,需接多少 Ω 的倍压器呢?已知电压表的内阻为 10kΩ。

解: $m = \dfrac{100}{3} = 33.33$

$$R_{\mathrm{m}} = (m-1) r_{\mathrm{v}} = (33.33 - 1) \times 10 \times 10^{3}$$
$$= 323.3\ (\mathrm{k}\Omega)$$

3.6　任何物质都有电阻

图 3.23 示出了导体、半导体、绝缘体的电阻率比较。

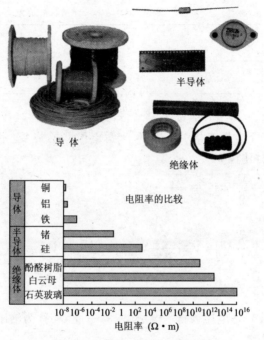

半导体

导 体

绝缘体

电阻率的比较

| 导体 | 铜 |
| 铝 |
| 铁 |
| 半导体 | 锗 |
| 硅 |
| 绝缘体 | 酚醛树脂 |
| 白云母 |
| 石英玻璃 |

$10^{-8}\,10^{-6}\,10^{-4}\,10^{-2}\,1\ \ 10^2\,10^4\,10^6\,10^8\,10^{10}\,10^{12}\,10^{14}\,10^{16}$

电阻率 $(\Omega \cdot m)$

图 3.23　导体、半导体、绝缘体

3.6.1　各种物质的电阻

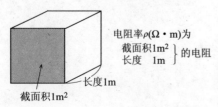

电阻率 $\rho(\Omega \cdot m)$ 为
截面积 $1m^2$
长度　　$1m$ ﹜ 的电阻

长度 $1m$

截面积 $1m^2$

图 3.24　电阻率

导体、半导体和绝缘体三者的区别由各物质的电阻大小而定。因为物质的电阻随其形状而变化，所以用截面为 $1m^2$、长为 $1m$ 的电阻来比较，这就是物质的电阻率，如图 3.24 所示。电阻率的表示符

号为 ρ，单位为 $\Omega \cdot m$。

电阻率在 $10^{-4} \Omega \cdot m$ 以下的物质称为导体，$10^4 \Omega \cdot m$ 以上的物质是绝缘体，半导体的电阻率值介于导体和绝缘体之间。

3.6.2　电阻与物体形状的关系

如图 3.25 所示，相同材料的铜线，粗导线比细导线的电阻小，短导线比长导线的电阻小。这和水管的水流情况相似，粗水管比细水管的摩擦力小，水容易流通。

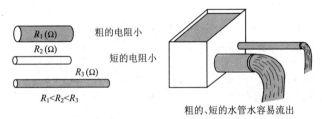

图 3.25　电阻随形状而不同

下面求一下截面面积为 $4m^2$、长为 $3m$ 的某物体的电阻。现把此物体分成图 3.26 所示的多个截面面积为 $1m^2$、长为 $1m$ 的立方体。每个立方体的电阻和电阻率相同，这样就可以认为相当于并联 4 个、串联 3 个阻值为 ρ 的电阻，则总电阻为

$$R = \frac{3}{4}\rho \ (\Omega)$$

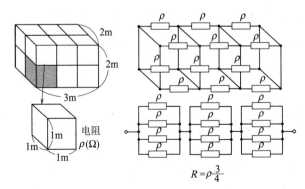

图 3.26　电阻计算的思考方法

一般情况下，截面面积为 $S(m^2)$、长度为 $l(m)$、电阻率为 $\rho(\Omega \cdot m)$ 的

电阻 R 为

$$R = \rho \frac{l}{S} \; (\Omega)$$

即电阻与长度 l 成正比,而与面积 S 成反比。

3.6.3　计算导线电阻

若截面积 $S(\mathrm{m}^2)$、长度 $l(\mathrm{m})$ 和电阻率已知,则可计算导线电阻。

【例 3.9】

截面积为 $5\mathrm{mm}^2$、长 $100\mathrm{m}$ 的铜线电阻为多少?

解: $1\mathrm{mm}^2 = 10^{-6}\mathrm{m}^2$

$S = 5\mathrm{mm}^2 = 5 \times 10^{-6}\mathrm{m}^2$

$l = 100\mathrm{m}$

铜的电阻率为

$\rho = 1.72 \times 10^{-8}\,\Omega \cdot \mathrm{m}$

$R = \rho \dfrac{l}{S} = 1.72 \times 10^{-8} \times \dfrac{100}{5 \times 10^{-6}} = 0.344\;(\Omega)$

【例 3.10】

直径 $1.6\mathrm{mm}$ 的铜线长 $20\mathrm{m}$ 时的电阻为多少?

解: $l = 20\mathrm{m}$

$\rho = 1.72 \times 10^{-8}\,\Omega \cdot \mathrm{m}$

$S = \dfrac{\pi}{4}d^2 = \dfrac{\pi}{4}(1.6)^2 = 2.01\mathrm{mm}^2 = 2.01 \times 10^{-6}\;(\mathrm{m}^2)$

$R = \rho \dfrac{l}{S} = 1.72 \times 10^{-8} \times \dfrac{20}{2.01 \times 10^{-6}} = 0.171\;(\Omega)$

3.7　电阻器

图 3.27 示出了多种用途的电阻器。

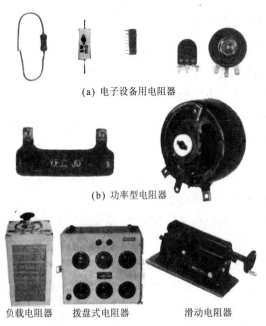

(a) 电子设备用电阻器

(b) 功率型电阻器

负载电阻器　　拨盘式电阻器　　滑动电阻器

(c) 实验用电阻器

图 3.27　各种电阻器

3.7.1　电阻器的作用

电阻器用于在电路中加入电阻。它的使用目的分为三种,电流调整、电压调整和作为负载电阻,见表 3.1。

表 3.1　电阻器的作用

电流调整	电压调整	负　载
$I = \dfrac{V}{R}$　　$\dfrac{I_1}{I_2} = \dfrac{R_2}{R_1}$	$\dfrac{V_1}{V_2} = \dfrac{R_1}{R_2}$	发　热

3.7.2　电阻器的分类

电阻器的分类方法有多种,下面列举几种。

① 按电阻值是否可变分类,如图 3.28 所示。

• 固定电阻器。电阻值固定不变。

• 可变电阻器。电阻值可以变化。

② 按电阻材料分类。

• 金属类。以铬、镍等金属作为材料。

• 碳类。以碳及碳与其他物质的混合物作为材料。

③ 按电阻材料的形状分类。

• 线绕式。将电阻材料作成细线,绕在绝缘物上。

• 薄膜式。在瓷表面上作一层电阻材料的薄膜。

• 合成式。微细碳粉末和酚醛树脂混合并成型。

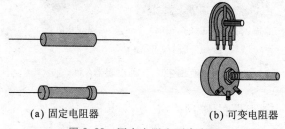

(a) 固定电阻器　　　　　　　(b) 可变电阻器

图 3.28　固定电阻和可变电阻

3.7.3　固定电阻器的制作和结构

固定电阻器主要包括碳膜固定电阻器、线绕式电阻器和合成电阻器,它们的制作和结构如图 3.29、图 3.30、图 3.31 所示。

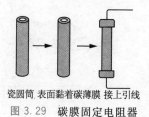

瓷圆筒 表面黏着碳薄膜 接上引线

图 3.29　碳膜固定电阻器

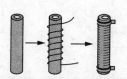

瓷圆筒 绕上电阻丝 装上接线端子

图 3.30　线绕式电阻器

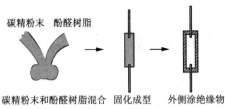

图 3.31　合成电阻器

3.7.4　色标的读法

电阻器上标有电阻值及其允许误差。大型的用数字表示，小型的用颜色表示。用颜色表示的方法如图 3.32 所示。第 1 色带和第 2 色带分别表示以 Ω 为单位的标称电阻值的第 1 位数和第 2 位数，第 3 色带为倍乘数（10 的幂数），第 4 色带表示标称电阻值的允许误差（公差）。

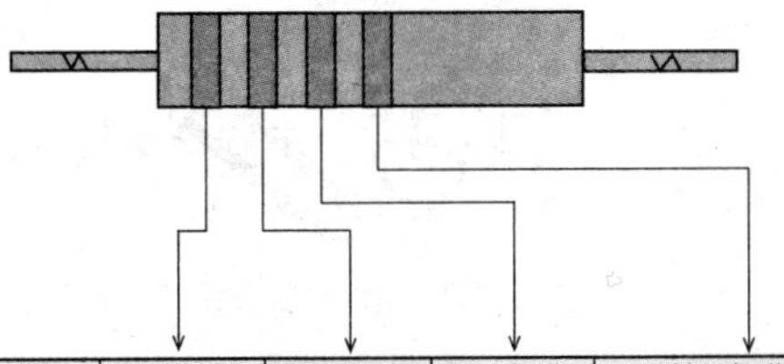

色　名	第1色带	第2色带	第3色带	第4色带
	第1数字	第2数字	倍乘数	标称电阻值允许误差
黑	0	0	10^0	—
棕　色	1	1	10^1	± 1%
红	2	2	10^2	± 2%
橙　色	3	3	10^3	—
黄　色	4	4	10^4	—
绿	5	5	10^5	± 0.5%
蓝	6	6	10^6	—
紫	7	7	10^7	—
灰　色	8	8	10^8	—
白	9	9	10^9	—
金　色	—	—	10^{-1}	± 5 %
银　色	—	—	10^{-2}	± 10%
—	—	—		± 20%

图 3.32　色　标

3.8 电阻的测量

3.8.1 电阻的测量方法

根据电阻值的大小和测量精确度的要求,有多种测量电阻的方法。本章对测量中等阻值($1\Omega \sim 1M\Omega$)电阻的欧姆计法和电压、电流表法进行说明,如图 3.33 所示。

(a) 用欧姆计(万用电表)测电阻

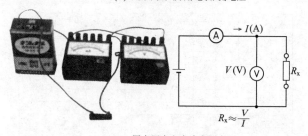

(b) 用电压表和电流表测电阻

图 3.33 电阻的测量方法

3.8.2 欧姆计法

欧姆计法能够简单直接地测出电阻值。欧姆计装在万用电表中,其原理如图 3.34 所示。

电流表、电池和内部电阻 R 串联。当测量接线柱 $\oplus$ 和 $\ominus$ 被短接时,表针指到最大刻度。 当接入与 R 值相同的电阻 R_x 时,电路中总电阻值

变为 $2R$,电流将变为原来的 $\dfrac{1}{2}$,表针此时应指在刻度板的中央。接上电阻 R_x 时,流过的电流为

$$I = \dfrac{V}{R + R_\mathrm{x}}$$

即电流随 R_x 而变。因此,将对应的电流标为 R_x 值的刻度,就可直接读出被测电阻值。

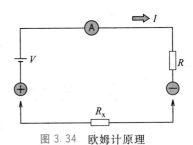

图 3.34 欧姆计原理

◉ 3.8.3 电压、电流表法

电压、电流表法是用电压表测量电阻两端电压,用电流表测量电阻中电流,根据欧姆定律计算出电阻值。电压表和电流表的接线方法如图 3.35 所示。

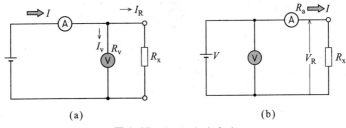

(a)   (b)

图 3.35 电压、电流表法

图 3.35(a)中,因电压表中也流过电流 I_v,电流表指示的 I 和电阻 R_x 中的电流 I_R 不同,设电压表指示为 V,电压表内阻为 R_v,则

$$I_\mathrm{R} = I - I_\mathrm{v} = I - \dfrac{V}{R_\mathrm{v}} \qquad R_\mathrm{x} = \dfrac{V}{I_\mathrm{R}} = \dfrac{V}{I - \dfrac{V}{R_\mathrm{v}}}$$

若 $I \gg \dfrac{V}{R_\mathrm{v}}$,即 $R_\mathrm{v} \gg R_\mathrm{x}$,则 $R_\mathrm{x} \approx \dfrac{V}{I}$。

图 3.35(b)中,电流表中有内阻 R_a,此内阻会引起电压降,因此电压表指示 V 和加在 R_x 上的电压 V_R 不同。

$$V_\mathrm{R} = V - I R_\mathrm{a}$$

$$R_\mathrm{x} = \dfrac{V_\mathrm{R}}{I} = \dfrac{V - I R_\mathrm{a}}{I} = \dfrac{V}{I} - R_\mathrm{a}$$

若 $\dfrac{V}{I} \gg R_a$，即 $R_x \gg R_a$，则 $R_x \approx \dfrac{V}{I}$。

3.9　电池的连接方法

图 3.36 示出了多种电池的外形，以及电池的等效电路图。

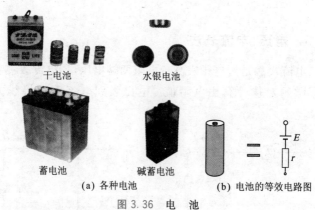

干电池　　　　　水银电池

蓄电池　　　　碱蓄电池

(a) 各种电池　　　(b) 电池的等效电路图

图 3.36　电　池

3.9.1　电池的电压

虽然可以把电池产生的电压看作不变来处理，但严格地说，电池端电压（⊕电极和⊖电极间的电压）是随负载电流而变的。

现在来看图 3.37(a) 所示的电池连接负载 R 时，电池端电压 V 和负

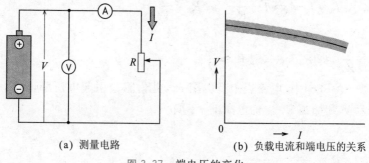

(a) 测量电路　　　　(b) 负载电流和端电压的关系

图 3.37　端电压的变化

载电流 I 的关系。开始是 R 值较大,然后渐渐减小,电流随之增加,电压减小。负载电流和端电压的关系可用图 3.37(b)中的曲线来表示。

3.9.2 电池的电阻

电池端电压下降虽然也可以认为是电动势减小,但因为端电压随负载电流成比例地减小,所以认为图 3.38 所示的电池内部是由不变的电动势 E 和内阻 r 串联的看法比较好。图中负载电流 I 为零时的端电压 V 和电动势 E 一致,但有负载电流时,将产生与电流成正比的内部电压降,端电压为

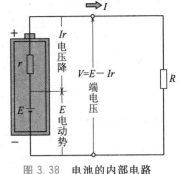

图 3.38　电池的内部电路

$$V = E - Ir$$

3.9.3 电池串联

将两节电池按图 3.39 所示的一节的 ⊕ 极接另一节的 ⊖ 极进行连接的方法称为串联。这时总电动势是一节电池的两倍,内阻也为一节电池的两倍。当用一节电池觉得电压小时,可串联若干节。

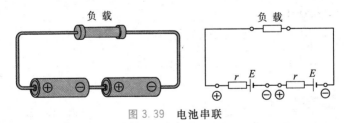

图 3.39　电池串联

3.9.4 电池并联

将两节电池按图 3.40 所示的 ⊕ 接 ⊕、⊖ 接 ⊖ 的连接方法称为并联。此时总电动势和一节电池时相同,能供给负载的电流容量增至两倍,而且总的内阻降至 1/2。

电池的电动势和内阻完全相同时可以并联,但这两者不相同时,电池间将有电流,会使电池寿命缩短。

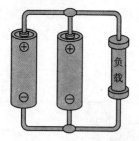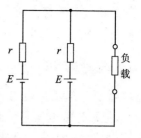

图 3.40　电池并联

● 3.9.5　考虑内阻的电路

负载电阻大时忽略电池内阻并无大碍,但负载电阻小时不能忽略电池内阻。

【例 3.11】

在电动势为 1.5V 的电池两端接上 2Ω 电阻。计算不计内阻($r=0$)和内阻 $r=0.2$ 时负载电阻上的电压和电流,如图 3.41 所示。

解:① $r=0$ 时。

$$V=E=1.5\text{V}$$

$$I=\frac{V}{R}=\frac{1.5}{2}=0.75\,(\text{A})$$

② $r=0.2\Omega$ 时。

$$I=\frac{E}{R+r}=\frac{1.5}{2+0.2}=0.682\,(\text{A})$$

$$V=E-Ir=1.5-0.682\times0.2=1.36\,(\text{V})$$

【例 3.12】

电动势 $E_1=9.3\text{V}$、内阻 $r_1=0.1\Omega$ 和电动势 $E_2=9.0\text{V}$、内阻 $r_2=0.2\Omega$ 的电池并联时,计算电池间的电流 I_0,如图 3.42 所示。

解:$I_0=\dfrac{E_1-E_2}{r_1+r_2}=\dfrac{9.3-9.0}{0.1+0.2}=1\,(\text{A})$

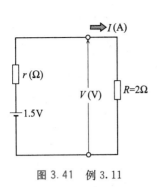

图 3.41 例 3.11

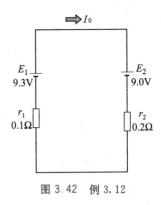

图 3.42 例 3.12

第 4 章

三相交流电路

 **三相交流电**

4.1.1　三相交流电概述

三相交流电与单相交流电不同,流过三根导线的电流的频率相同,相位不同,三线间电压的相位也不同。

图 4.1 示出了三相交流电的三个电流的波形。从图中可以看出,三相交流电的各相的电流 i_a,i_b,i_c 的大小相等,频率相同,相位差互为 $2\pi/3\mathrm{rad}$($120°$)。

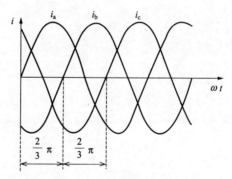

图 4.1　三相交流电的电流波形

4.1.2　三相交流电的产生

一台发电机就可以产生三相交流电,主要依据通过固定绕组、旋转磁场产生单相交流电的原理。

图 4.2(a)所示为三相交流发电机的结构示意图。如图所示,三个绕组(A-A′,B-B′,C-C′)在空间位置上彼此相差 $120°$,旋转中间的转子时,每个绕组就会产生大小和频率相同、相位差互为 $2\pi/3\mathrm{rad}$ 的电动势,这就是三相交流电的产生,其波形如图 4.2(b)所示。

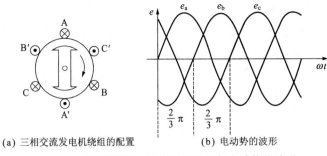

(a) 三相交流发电机绕组的配置　　　　(b) 电动势的波形

图 4.2　三相交流发电机绕组的配置与电动势的波形

4.1.3　三相交流电的输电

三个单相电路组合起来向外输电时,需要 6 根电线,如图 4.3(a)所

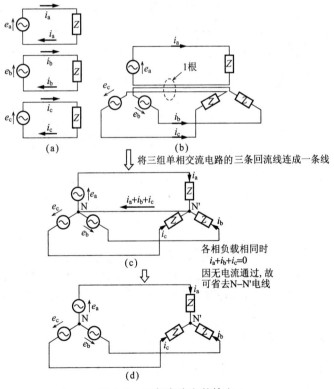

图 4.3　三相交流电的输电

示。将图 4.3(b)所示三根回流线合并为成一根中线,如图 4.3(c)所示。如果各相的负载相等,那么,从各电源流出的电流的大小也相等,彼此间的相位差为 $2\pi/3\text{rad}$,三个电流之和为 0。由于中线上没有电流通过,因此可省去中线,也就是说可以用三根线来连接三个单相电路,如图 4.3(d)所示。

4.1.4 三相交流电的应用

广泛使用三相交流电是由于它具有以下优点:

① 三相交流电可由三根线进行输电,能够节省电线。

② 由于使用的输电线少,因此减少了电线电阻上的功率损耗。

③ 容易产生旋转磁场(例如,三相感应电动机、三相同步电动机)。

4.1.5 三相交流电的电压与电流

图 4.4 所示是对称的三相交流电压的波形。从图中可以看出,任一时刻各电压瞬时值之和等于 0。以 a 相为参考相,由于各电压之间的相位差互为 $2\pi/3\text{rad}$,因此各相电压瞬时值的表达式为

$$\left.\begin{aligned}
e_a &= \sqrt{2}\,E\sin\omega t \ \text{(V)} \\
e_b &= \sqrt{2}\,E\sin\left(\omega t - \frac{2}{3}\pi\right) \ \text{(V)} \\
e_c &= \sqrt{2}\,E\sin\left(\omega t - \frac{4}{3}\pi\right) \ \text{(V)}
\end{aligned}\right\} \tag{4.1}$$

其中,E 为有效值。

三个电压之和为

$$e_a + e_b + e_c = 0 \tag{4.2}$$

下面用向量图表示三相交流电的电压与电流,如图 4.5 所示。以 a 相的电压为参考电压,则各相电压的极坐标和直角坐标(复数)表示法如下所示,电流与电压的表示方法相同。

极坐标表示为

$$\left.\begin{aligned}
\dot{E}_a &= E\angle 0 \ \text{(V)} \\
\dot{E}_b &= E\angle -\frac{2}{3}\pi \ \text{(V)} \\
\dot{E}_c &= E\angle -\frac{4}{3}\pi \ \text{(V)}
\end{aligned}\right\} \tag{4.3}$$

直角坐标表示为

$$\left.\begin{aligned}
\dot{E}_a &= E \ \text{(V)}\\
\dot{E}_b &= E\left(-\frac{1}{2}-j\frac{\sqrt{3}}{2}\right) \ \text{(V)}\\
\dot{E}_c &= E\left(-\frac{1}{2}+j\frac{\sqrt{3}}{2}\right) \ \text{(V)}
\end{aligned}\right\} \tag{4.4}$$

电压向量之和为

$$\dot{E}_a+\dot{E}_b+\dot{E}_c=0 \tag{4.5}$$

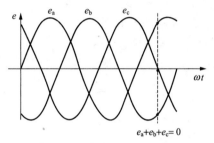

图 4.4 三相交流电压的波形

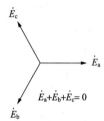

图 4.5 三相交流电压的向量图

4.1.6 相 序

在图 4.4 中,当三个电动势达到最大值的先后顺序为 e_a,e_b,e_c 时,此三相交流电的相序为 a-b-c。

图 4.6 所示的三相交流电的波形与图 4.4 有所不同。图 4.6 中,e_c 先于 e_b 达到最大值,因此其相序为 a-c-b。如图 4.7 所示,通过向量图比较图 4.4 与图 4.6 的交流电压,可以很清楚地看出它们相序上的不同。在运转三相电动机、三相变压器等时,相序非常重要。

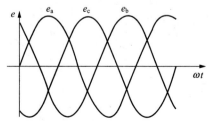

图 4.6 相序为 a-c-b 时三相交流电压的波形

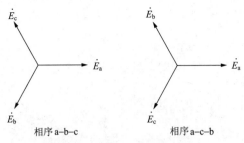

图 4.7 不同相序的向量图

　　三相电动机的旋转方向取决于电源的相序。这是因为旋转磁场的方向是由相序决定的,如果电源的相序相反,则电动机的旋转方向也与原来相反。另外,当三相交流发电机或三相变压器并联运转时,如果它们的相序不同,就会发生短路现象,所以必须将相序调整成一致。

4.2　三相交流电路的连接

4.2.1　电源和负载的连接

1. 线电压与线电流

　　如图 4.8 所示,把电源和负载用三根电线连接时,电线间的电压称为线电压,流过电线的电流称为线电流。一般情况下,用线电压表示三相电路的电压。例如,三相 6kV 的配电线,就表示其线电压为 6kV。

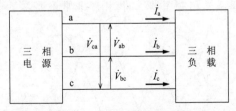

图 4.8　线电流和线电压

　　各线电压之间和各线电流之间存在下列关系:

$$\text{线电流}\ \dot{I}_a + \dot{I}_b + \dot{I}_c = 0 \tag{4.6}$$

线间电压 $\dot{V}_{ab}+\dot{V}_{bc}+\dot{V}_{ca}=0$ (4.7)

它们与电源或负载的连接方式无关。

2. 三相电路的连接方法及相电压、相电流

把单相电路连接成三相电路时有两种连接方法,如图 4.9 所示。将三个末端连接在一起的方法叫做丫形连接或星形连接,N 点叫做中性点,如图 4.9(a)所示。把各相首尾依次相连,使其形成一个环状闭合回路,这种方式称为△形接法或三角形接法,如图 4.9(b)所示。

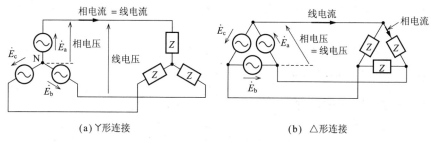

(a) 丫形连接   (b) △形连接

图 4.9 三相电路的连接

三相电路各相的电压叫做相电压,各相的电流叫做相电流。需要注意的是,在不同的连接方式中,相电流与线电流之间的关系也不同。

丫形接法与△形接法各有所长,我们要根据它们的优缺点,来选择合适的连接方式。

丫形接法中,中性点可以接地,因此不仅可以防止一线接地发生故障时产生危险电压,也可以在接地发生故障时确保保护继电器正常工作,而且接地还有利于绝缘。因此,在高压时常使用丫形接法。

△形接法的优点是,不会发生由三次谐波引起的故障。在变压器的励磁电流中,一般含有三次谐波的失真波,如果励磁电流中没有三次谐波,那么磁通就不会产生三次正弦波,而感应电动势也就不会含三次正弦波。在△形连接时因为三次谐波电流的各相相位相同,所以在△连接的连线中流过的电流是三次谐波的环形电流,从而消除了三次谐波的影响,使感应电动势为正弦波。

另外,△形连接时,线电流是各单相变压器额定电流的$\sqrt{3}$倍,因此这种接法适合用于低电压、大电流的场合。

不过,由于△形接法时没有中性点,所以如果要有中性点接地,就需

要使用接地用变压器。

3. 对称三相电路和非对称三相电路

把大小相等、频率相同、相位差互为 $2\pi/3$ 的三相交流电动势称为对称三相交流电动势。另外，如图 4.9 所示，各相阻抗相等的对称三相负载称为平衡三相负载。

三相电源是对称三相电动势的对称电源，负载是平衡三相负载，由这样的电源和负载连接起来的电路称为对称三相电路或平衡三相电路。电源不是对称电源、负载也不是对称负载的电路称为不对称三相电路或不平衡三相电路。

电源和负载的连接方式并不仅仅只有 Ｙ-Ｙ、△-△ 接法。有时也会出现 Ｙ电源-△形负载或△电源-Ｙ形负载的接法。

4.2.2　Ｙ形接法

从图 4.10 可以看出，Ｙ形接法时，线电流等于相电流。下面讨论相电压与线电压的关系。

由图 4.11 可知，Ｙ形连接时，线电压 $\dot{V}_{ab}$ 与相电压 $\dot{E}_{a}$、$\dot{E}_{b}$ 有如下关系：

$$\left.\begin{aligned}\dot{V}_{ab}&=\dot{E}_{a}+(-\dot{E}_{b})=\dot{E}_{a}-\dot{E}_{b}\\\dot{V}_{bc}&=\dot{E}_{b}-\dot{E}_{c}\\\dot{E}_{ca}&=\dot{E}_{c}-\dot{E}_{a}\end{aligned}\right\} \tag{4.8}$$

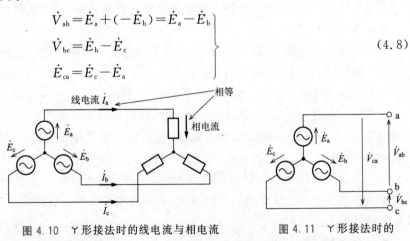

图 4.10　Ｙ形接法时的线电流与相电流　　图 4.11　Ｙ形接法时的
线电压与相电压

图 4.12(a) 所示为 Ｙ形接法时线电压与相电压的向量图。

丫形接法时，线电流与相电流相等，线电压 $\dot{V}_{ab},\dot{V}_{bc},\dot{V}_{ca}$ 是相电压 $\dot{E}_a,$ $\dot{E}_b,\dot{E}_c$ 的 $\sqrt{3}$ 倍，在相位上超前相电压，用向量极坐标表示为

$$
\left.\begin{aligned}
\dot{E}_a &= E\angle 0 \\
\dot{V}_{ab} &= \sqrt{3}\,E\angle \pi/6
\end{aligned}\right\} \tag{4.9}
$$

其中，E 为相电压。

线电压与相电压的向量关系也可由图 4.12(b) 表示。

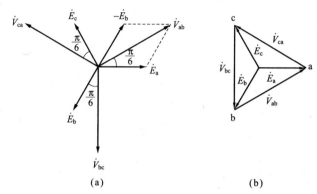

(a)   (b)

图 4.12 丫形接法时线电压与相电压的向量图

4.2.3 △形接法

从图 4.13 可以看出，△形接法时，各电源的电压就是线电压，因此加在各负载上的电压也就是线电压。下面从负载端看相电流与线电流的关系。

如图 4.14 所示，设流入 a 点的线电流为 $\dot{I}_a$，相电流为 $\dot{I}_{ab},\dot{I}_{ca}$。对于 a 点，由基尔霍夫定律可知，线电流与相电流的关系为

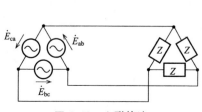

图 4.13 △形接法

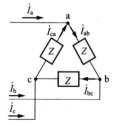

图 4.14 相电流与线电流

$$\left.\begin{array}{l} \dot{I}_a = \dot{I}_{ab} - \dot{I}_{ca} \\[4pt] \dot{I}_b = \dot{I}_{bc} - \dot{I}_{ab} \\[4pt] \dot{I}_c = \dot{I}_{ca} - \dot{I}_{bc} \end{array}\right\} \qquad (4.10)$$

△形接法时线电压等于相电压,线电流 $\dot{I}_a$, $\dot{I}_b$, $\dot{I}_c$ 的大小是相电流 $\dot{I}_{ab}$, $\dot{I}_{bc}$, $\dot{I}_{ca}$ 的 $\sqrt{3}$ 倍,相位落后 $\pi/6\mathrm{rad}$。图 4.15 所示为各线电流与相电流的向量图。

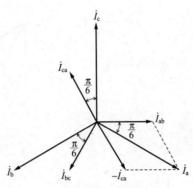

图 4.15 相电流和线电流的向量图

4.2.4 V 形接法

当△形接法的电源提供的是对称三相交流电时,如果取掉其中的一相,剩下的两个电源仍能够提供三相交流电,如图 4.16 所示。把这种连接方式称为 V 形接法。那么,为何两个电源能够提供三相交流电呢?

从图 4.17 可知,线电压 $\dot{V}_{ab}$, $\dot{V}_{bc}$, $\dot{V}_{ca}$ 与相电压 $\dot{E}_{ab}$, $\dot{E}_{bc}$, $\dot{E}_{ca}$ 之间的关系为

$$\left.\begin{array}{l} \dot{V}_{ab} = \dot{E}_{ab}\ (\mathrm{V}) \\[4pt] \dot{V}_{bc} = \dot{E}_{bc}\ (\mathrm{V}) \\[4pt] \dot{V}_{ca} = -(\dot{E}_{ab} + \dot{E}_{bc})\ (\mathrm{V}) \end{array}\right\} \qquad (4.11)$$

即使 c-a 间没有电源,但线电压 $\dot{V}_{ca}$ 仍然存在,并且三个线电压也是平衡三相电压,因此它能够提供三相交流电。

设线电流为 $\dot{I}_a$, $\dot{I}_b$, $\dot{I}_c$,电源的相电流为 $\dot{I}_{ab}$, $\dot{I}_{bc}$,则

$$\left.\begin{array}{l}\dot{I}_{ab}=\dot{I}_{a}\\ \dot{I}_{bc}=-\dot{I}_{c}\end{array}\right\}\qquad(4.12)$$

V形接法时,电源的相电流与线电流大小相等,但是流过△形接法的负载中的相电流是线电流的 $1/\sqrt{3}$ 倍。因此,如果把三台容量为 P 的单相变压器以△形的方式连接起来,由于线电流是单相变压器额定电流(相电流)的 $\sqrt{3}$ 倍,所以可提供 $3P$ 的功率。而把两台单相变压器以 V 形方式连接时,最大线电流只能是变压器的额定电流,因此容量为 $2P$ 的设备所能提供的最大功率为 $\sqrt{3}P$。

V形接法虽然有这样的缺点,但因其设置空间少,常常用在向小容量动力用负载供电的变压器的连接上。

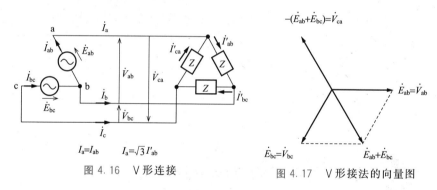

图 4.16 V形连接

图 4.17 V形接法的向量图

4.2.5 错连时产生的后果

下面举例说明单相变压器的三相连接出现错误时,会产生什么样的后果。图 4.18(a)所示是三台单相变压器的△-△形接法,而图 4.18(b)则把一台变压器的次级线圈接反了。

设变压器次级端的各相电压为 $\dot{E}_a,\dot{E}_b,\dot{E}_c$。图 4.18(a)的正确连接时闭合回路的电动势为

$$\dot{E}_a+\dot{E}_b+\dot{E}_c=0$$

而在图 4.18(b)的错误连接中闭合回路的电动势为

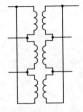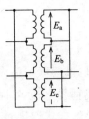

(a) 正确的△-△形连接　　　　　　(b) 错连接

图 4.18

$$\dot{E}_{a}+\dot{E}_{b}-\dot{E}_{c}=E+E\left(-\frac{1}{2}-j\frac{\sqrt{3}}{2}\right)-E\left(-\frac{1}{2}+j\frac{\sqrt{3}}{2}\right)$$

$$=(1-j\sqrt{3})E \tag{4.13}$$

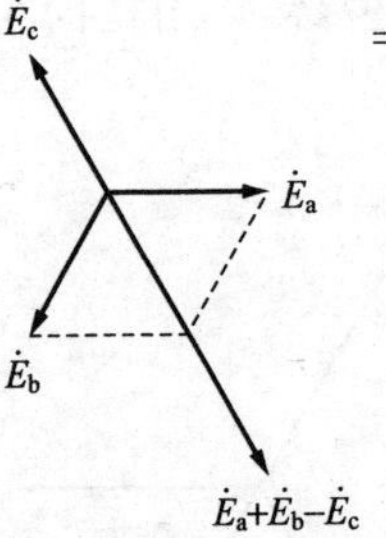

图 4.19 所示是其向量图。

发生这种错误连接时,闭合回路的电动势不为 0,所产生的电压是相电压的两倍,因此相当于将电动势在三台变压器的次级线圈上短路了。

图 4.19　错连接时的向量图

4.3　对称三相交流电路的计算

这里讨论基本的对称三相交流电路的计算方法。

由于在对称三相交流电路中电源、负载都是对称的,因此各相的作用都相同。各相的计算方法和单相电路的计算方法相同。

4.3.1　电源与负载连接相同时电流的计算

1. 丫-丫形电路的线电流与相电流

三相电路是由三个单相电路组合在一起的,因此在计算线电流时,可以将其分解成三个单相电路。

如图 4.20 所示,在丫-丫形电路中可以取出一个单相电路,用单相电路的计算方法求出相电流。a 相的相电流 $\dot{I}_{a}$ 可由下式求得

$$\dot{I}_a = \dot{E}_a / Z \tag{4.14}$$

对称三相电路中,三相的相电流大小相等,彼此间的相位差为 $2\pi/3$,因此求出 a 相的电流后,就可计算出其他各项的相电流,它们分别为

$$\left.\begin{array}{l} \dot{I}_b = I_a \angle (-2\pi/3) \\ \dot{I}_c = I_a \angle (-4\pi/3) \end{array}\right\} \tag{4.15}$$

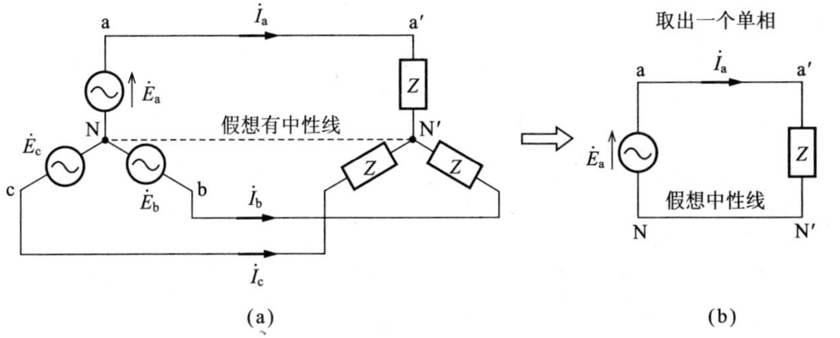

图 4.20

如果知道线电压,就可由线电压求出相电压。丫-丫形电路中的相电压是线电压的 $1/\sqrt{3}$,相位落后 $\pi/6$。

【例 4.1】

在图 4.21 所示的平衡三相电路中,接上 $V=200\text{V}$ 的三相交流电压,求相电压与线电流($R=20\Omega$,$X_L=15\Omega$)。

解:因为负载是 丫 形接法,所以相电压是线电压的 $1/\sqrt{3}$ 倍,即

相电压 $=200/\sqrt{3} \approx 115 \text{ (V)}$

各相的阻抗大小为

$$Z = \sqrt{20^2 + 15^2} = 25 \text{ }(\Omega)$$

丫 形接法时,线电流等于相电流,因此,

线电流 = 相电流 = 相电压/$Z = (200/\sqrt{3})/25 \approx 4.62 \text{ (A)}$

2. △-△电路的线电流与相电流

在△形连接的对称三相电路中,每个负载都接在电源上,因此如图 4.22 所示,可以直接将电路分解成三个单相电路,分别计算三个单相电路中的相电流,然后通过式(4.10)就可求出线电流。

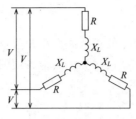

图 4.21　例 4.1

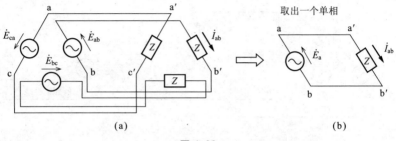

(a)　　　　　　　　　　　　　(b)

图 4.22

设各线电流为 $\dot{I}_a$，$\dot{I}_b$，$\dot{I}_c$，各相电流为 $\dot{I}_{ab}$，$\dot{I}_{bc}$，$\dot{I}_{ca}$。如图 4.22(b)所示，取出一个单相电路进行计算，则各相电流为

$$\left.\begin{array}{l} \dot{I}_{ab}=\dot{V}_{ab}/Z \\ \dot{I}_{bc}=\dot{V}_{bc}/Z \\ \dot{I}_{ca}=\dot{V}_{ca}/Z \end{array}\right\} \tag{4.16}$$

从图 4.23 所示的相电流与线电流的关系可知，线电流为

$$\left.\begin{array}{l} \dot{I}_a=\dot{I}_{ab}-\dot{I}_{ca} \\ \dot{I}_b=\dot{I}_{bc}-\dot{I}_{ab} \\ \dot{I}_c=\dot{I}_{ca}-\dot{I}_{bc} \end{array}\right\} \tag{4.17}$$

另外，若知道相电流的大小，那么相电流的 $\sqrt{3}$ 倍就是线电流的大小。

【例 4.2】

如图 4.24 所示，负载阻抗 $Z=40+30j$，为△形接法，给其接上一个大小为 200V 的对称三相电压，求相电流 $I(A)$ 和线电流 $I_1(A)$。

解：一相阻抗的大小为 $Z=\sqrt{40^2+30^2}=50(\Omega)$。

△形接法时，相电压等于线电压，因此，

相电流 $I = 200/50 = 4$ (A)

线电流 $I_1 = \sqrt{3}\,I = \sqrt{3} \times 4 = 6.93$ (A)

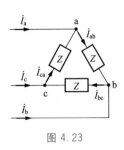

图 4.23

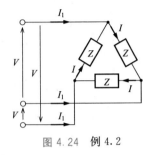

图 4.24 例 4.2

4.3.2 电源与负载连接不同时电流的计算

电源与负载均为 Y-Y 或 △-△ 形接法时，我们可以很容易地将电路分解成三个单相电路。如果电源与负载的连接方式不同，如图 4.25 所示，就不能用上述方法计算。

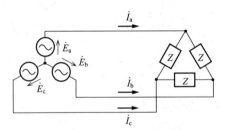

图 4.25 Y 电源-△ 形负载的电路

首先要变换 Y-△ 形接法，使电源与负载的连接方式相同，然后再通过 Y-Y 或 △-△ 形接法的方法进行计算。

1. 将 △ 形接法的负载变换成 Y 形接法（△-Y 变换）

如图 4.26 所示，为了使 △ 形连接的负载与 Y 形连接的负载等效，就必须使各入端阻抗相同。为使端子间的阻抗相同，下列式子必须成立：

端子 a-b 间　$Z_a + Z_b = \dfrac{Z_{ab}(Z_{bc} + Z_{ca})}{Z_{ab} + Z_{bc} + Z_{ca}} \cdots ①$

b-c 间　$Z_b + Z_c = \dfrac{Z_{bc}(Z_{ab} + Z_{ca})}{Z_{ab} + Z_{bc} + Z_{ca}} \cdots ②$ 　　(4.18)

c-a 间　$Z_c + Z_a = \dfrac{Z_{ca}(Z_{bc} + Z_{ab})}{Z_{ab} + Z_{bc} + Z_{ca}} \cdots ③$

由（①＋③－②)/2,可得

$$Z_a = \dfrac{Z_{ab}Z_{ca}}{Z_{ab} + Z_{bc} + Z_{ca}}$$

$$Z_b = \dfrac{Z_{ab}Z_{bc}}{Z_{ab} + Z_{bc} + Z_{ca}}$$　　(4.19)

$$Z_c = \dfrac{Z_{bc}Z_{ca}}{Z_{ab} + Z_{bc} + Z_{ca}}$$

利用上述公式,就可以将△形接法的负载变换成与它等效的丫形接法的负载。

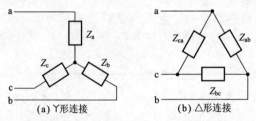

(a) 丫形连接　　　　(b) △形连接

图 4.26

若负载是三相平衡负载,则

△形接法的负载 $Z_{ab} = Z_{bc} = Z_{ca} = Z_{\triangle}$

丫形接法的负载 $Z_a = Z_b = Z_c = Z_{\curlyvee}$

将以上的式子代入式(4.19),可得

$$Z_{\curlyvee} = \dfrac{Z_{\triangle}}{3}$$　　(4.20)

下面,将丫形连接的负载变换为△形连接的负载,由式(4.18)可知

$$Z_{ab} = \frac{Z_a Z_b + Z_b Z_c + Z_c Z_a}{Z_c}$$

$$Z_{bc} = \frac{Z_a Z_b + Z_b Z_c + Z_c Z_a}{Z_a}$$

$$Z_{ca} = \frac{Z_a Z_b + Z_b Z_c + Z_c Z_a}{Z_b}$$

(4.21)

若为三相平衡负载,则

$$Z_{\triangle} = 3 Z_{\curlyvee}$$

(4.22)

掌握了△形接法的负载变换为丫形接法的负载的方法后,我们来进行下面的计算。

2. 丫电源-△形负载电路的计算

计算图 4.25 所示的电源为丫形接法而负载为△形接法的电路中的线电流。

如图 4.27 所示,首先将△形负载变换成丫形负载,即变为丫形电源与丫形负载的形式,然后取出一个单相进行计算,如图 4.28 所示。△形接法的阻抗 Z 变换为丫形连接时大小变为 $Z/3$,因此一个相的电流 $\dot{I}_a$(线电流)为

$$\dot{I}_a = \frac{\dot{E}_a}{(Z/3)}$$

(4.23)

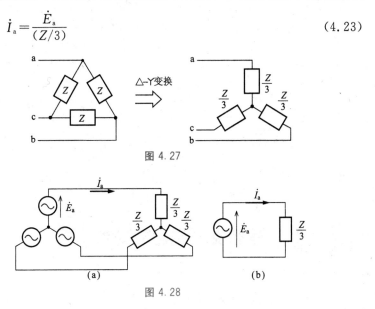

图 4.27

图 4.28

其实,把△形负载变换为丫形负载不是计算线电流的唯一方法。如果从丫形电源的相电压求出线电压,就可计算出△形负载的相电流,再由相电流与线电流的关系也可求出线电流。

【例4.3】

图4.29所示的电路中,电阻 $R=15\Omega$,电抗 $X=60\Omega$,三相电压为200V,求线电流 I(A)。

解:将△形电抗进行△-丫变换后,得

$$X_Y=20\Omega$$

△-丫变换成丫-丫电路,取出一个单相电路后,如图4.30所示,则

丫形接法的相电压 $E=200/\sqrt{3}\approx115$ (V)

一个单相电路的阻抗 $Z=15+j20$, $Z=\sqrt{15^2+20^2}=25$ (Ω)

因此,所求的电流为

$$I=E/Z=200/25\sqrt{3}\approx4.62 \text{ (A)}$$

另外,流过△形电抗 X 的相电流,也可由△形接法的相电流与线电流的关系求出,即

$$I/\sqrt{3}\approx2.67 \text{ (A)}$$

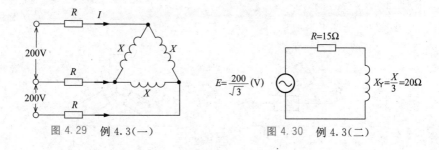

图4.29 例4.3(一)　　　　图4.30 例4.3(二)

4.4 三相交流电路的功率

4.4.1 三相交流电路功率的计算

三相电路是三个单相电路的组合,所以电路中消耗的功率就等于各

个单相功率之和,把三相电路的总功率称为三相功率。

设对称电动势的瞬时值为 e_a, e_b, e_c,线电流的瞬时值为 i_a, i_b, i_c。三相功率的瞬时值等于各个单相功率之和,即

$$p = p_a + p_b + p_c = e_a i_a + e_b i_b + e_c i_c \qquad (4.24)$$

设负载的功率因数角为 ϕ,则各相电压与电流的瞬时值可表示为

$$\left.\begin{array}{ll} e_a = E_m \sin\omega t & i_a = I_m \sin(\omega t - \phi) \\ e_b = E_m \sin(\omega t - 2\pi/3) & i_b = I_m \sin(\omega t - 2\pi/3 - \phi) \\ e_c = E_m \sin(\omega t - 4\pi/3) & i_c = I_m \sin(\omega t - 4\pi/3 - \phi) \end{array}\right\} \qquad (4.25)$$

E_m 为电压的最大值,I_m 为电流的最大值,ϕ 为负载的功率因数角[若负载 $Z = R + jX$,则 $\phi = \arctan(X/R)$]。

因此,各相功率的瞬时值为

$$\left.\begin{array}{l} p_a = e_a i_a = E_m I_m \sin\omega t \cdot \sin(\omega t - \phi) = EI[\cos\theta - \cos(2\omega t - \phi)] \\ p_b = e_b i_b = EI[\cos\theta - \cos(2\omega t - 2\pi/3 - \phi)] \\ p_c = e_c i_c = EI[\cos\theta - \cos(2\omega t - 4\pi/3 - \phi)] \end{array}\right\}$$

$$(4.26)$$

式中,E 为相电压的有效值;I 为相电流的有效值。

各相的瞬时值之和为

$$p = p_a + p_b + p_c = 3EI\cos\phi \ (\text{W}) \qquad (4.27)$$

可见,平衡三相电路的瞬时功率恒定,它不随时间发生变化,大小等于一个单相的消耗功率的 3 倍。

从式(4.26)、式(4.27)可以看出,单相电路的功率是脉动的,而平衡三相电路的瞬时功率之和不是脉动的,它为定值。

用线电压表示电压,则式(4.27)可变为

$$P = 3EI\cos\phi = \sqrt{3}VI\cos\phi \ (\text{W}) \qquad (4.28)$$

三相功率是由线电压 V 和线电流 I 表示的,因此它适合于任何形式连接的电路。

丫形连接时,线电压为相电压的 $\sqrt{3}$ 倍,线电流等于相电流;△形连接时,线电压等于相电压,线电流等于相电流的 $\sqrt{3}$ 倍。所以,不论是丫形或△形连接,三相功率的表达式都为式(4.28)。

需要注意的是,ϕ 不是线电压 $\dot{V}$ 与线电流 $\dot{I}$ 之间的相位差,它是单相负载的功率因数角,也就是说,它是相电压 $\dot{E}$ 与相电流 $\dot{I}$ 之间的相位差。

另外，三相无功功率为

$$Q = \sqrt{3}\,VI\sin\phi \quad (\text{var}) \tag{4.29}$$

视在功率为

$$S = \sqrt{3}\,VI \quad (\text{V·A}) \tag{4.30}$$

【例 4.4】

对称三相电源供给负载 2kW 的三相功率，若线电压为 200V，负载的功率因数为 80%，求线电流的大小。

解：设线电流为 I，从式(4.28)可得

$$I = \frac{P}{\sqrt{3}\,VI\cos\phi} = \frac{2\times10^{3}}{\sqrt{3}\times200\times0.8} = 7.22 \ (\text{A})$$

4.4.2　三相交流电路功率的测量

通过测量各个单相电路的功率，再将其相加，就可求出三相电路功率。用这种方法测量，需要三个单相功率计。其实，用两个单相功率计也可测得三相功率，这种方法叫做双瓦特计法。根据此原理用来测量三相功率的仪器称为三相功率计。

现将两个单相功率计 W_1，W_2 接入电路，如图 4.31(a)所示，则流入功率计 W_1 电流线圈中的电流为 $\dot{I}_a$（线电流），加在电压线圈上的线电压为 V_{ab}。流过 W_2 功率计的电流线圈中的电流为线电流 $\dot{I}_c$，加在电压线圈上的电压为线电压 $\dot{V}_{cb} = -\dot{V}_{bc}$。

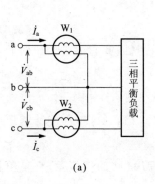

(a)

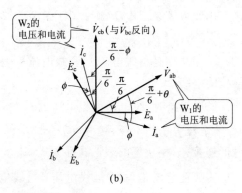

(b)

图 4.31

设三相负载的功率因数为 $\cos\phi$（落后），则电压、电流的向量图如图 4.31(b)所示。向量图中，$\dot{V}_{ab}$ 与 $\dot{I}_a$ 的相位差为 $(\pi/6+\phi)$，$\dot{V}_{cb}$ 与 $\dot{I}_c$ 的相位差为 $(\pi/6-\phi)$，因此功率计 W_1，W_2 的读数分别为

$$W_1 = V_{ab}I_a\cos(\pi/6+\phi) \tag{4.31}$$

$$W_2 = V_{cb}I_b\cos(\pi/6-\phi) \tag{4.32}$$

则，

$$W_1 + W_2 = VI\cos(\pi/6+\phi) + VI\cos(\pi/6-\phi)$$

$$= VI\times 2\cos\phi\cos\pi/6 = VI\times 2\times(\sqrt{3}/2)\cos\phi$$

$$= \sqrt{3}VI\cos\phi \text{（三相功率的表述式）} \tag{4.33}$$

三相功率就是这两个功率计上的读数之和。

必须要注意的是，当功率因数角小于 $\pi/3$ 时，可以直接读取功率计，而当功率因数角大于 $\pi/3$ 时，W_1 为负值，无法读出数据。这种情况下，需要将偏转为负值的功率计的电压线圈反向连接，然后将读出的数值前加上负号，最后将其相加，就可求出三相功率。

因为用双瓦特法可测出三相功率，于是把两个功率计作为一个整体就是一个三相功率计。双瓦特计法不仅可以测量平衡三相电路，也可测量不平衡三相电路的功率。

另外，由式(4.31)、式(4.32)可得

$$W_2 - W_1 = VI\sin\phi$$

因此，无功功率为

$$Q = \sqrt{3}(W_2 - W_1) = \sqrt{3}VI\sin\phi \tag{4.34}$$

【例 4.5】

在图 4.31(a)所示的电路中，接入两个功率计，功率计上的读数分别为 $W_1 = 5.84$kW，$W_2 = 2.68$kW，若线电压为 200V，线电流为 30A，求负载的功率因数。

解：设负载的功率因数为 $\cos\phi$。三相电路的功率是两个功率计的读数之和，因此，

$$P = \sqrt{3}VI\cos\phi = W_1 + W_2$$

故

$$\cos\phi = \frac{W_1 + W_2}{\sqrt{3}VI} = \frac{(5.84+2.68)\times 10^3}{\sqrt{3}\times 200\times 30} = 0.820$$

4.5　不对称三相交流电路的计算

以上我们讨论了电源、负载均为对称的三相电路。而实际上,电力系统中有很多情况下,负载是不平衡的。下面讨论当负载为不平衡时,即三个不同阻抗的电路的计算。

当负载为平衡负载时,只要对其中一个单相进行计算,其他的两相只考虑相位就可以了。而当负载不平衡时,则不能取出一个单相电路进行计算,这就要用到基尔霍夫定律。

4.5.1　不对称 Y-Y 电路的计算

在图 4.32 所示的电路中,给 Y 形接法的对称三相电源接入 Y 形接法的不平衡三相负载,求接入后电路中的线电流 $\dot{I}_a$,$\dot{I}_b$,$\dot{I}_c$。

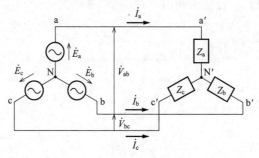

图 4.32

设各线电压为 $\dot{V}_{ab}$,$\dot{V}_{bc}$,$\dot{V}_{ca}$,因电源是对称三相电源,故

$$\dot{V}_{ab} + \dot{V}_{bc} + \dot{V}_{ca} = 0 \tag{4.35}$$

对 N′ 点应用基尔霍夫定律,则

$$\dot{I}_a + \dot{I}_b + \dot{I}_c = 0 \tag{4.36}$$

对闭合回路 a-a′-N′-b′-b-N-a 及 b-b′-N′-c′-c-N-b 应用基尔霍夫定律,则

$$\dot{V}_{ab} = Z_a \dot{I}_a - \dot{Z}_b \dot{I}_b \tag{4.37}$$

$$\dot{V}_{bc} = Z_b \dot{I}_b - Z_c \dot{I}_c \tag{4.38}$$

联立式(4.36)、式(4.37)和式(4.38)求解,则可求出$\dot{I}_a$。$\dot{I}_b$,$\dot{I}_c$的计算与此相同。

$$\dot{I}_a = \frac{Z_c \dot{V}_{ab} + Z_b (\dot{V}_{ab} + \dot{V}_{bc})}{Z_a Z_b + Z_b Z_c + Z_c Z_a} \text{ (A)}$$

另外,也可通过下列方法求出电流。

设以图4.32中N为基准点的N′的电位为$\dot{V}_n$,则各线电流为

$$\left. \begin{array}{l} \dot{I}_a = (\dot{E}_a - \dot{V}_n)/Z_a \\ \dot{I}_b = (\dot{E}_b - \dot{V}_n)/Z_b \\ \dot{I}_c = (\dot{E}_c - \dot{V}_n)/Z_c \end{array} \right\} \tag{4.39}$$

由式(4.36)和式(4.39)可求出

$$\dot{V}_n = \frac{(\dot{E}_a/Z_a) + (\dot{E}_b/Z_b) + (\dot{E}_c/Z_c)}{(1/Z_a) + (1/Z_b) + (1/Z_c)} \tag{4.40}$$

再由式(4.39)与式(4.30)可求出$\dot{I}_a$,$\dot{I}_b$,$\dot{I}_c$的值。

如果用导纳Y_a,Y_b,Y_c来代替负载Z_a,Z_b 和Z_c,则

$$\dot{V}_n = \frac{Y_a \dot{E}_a + Y_b \dot{E}_b + Y_c \dot{E}_c}{Y_a + Y_b + Y_c} \text{ (V)} \tag{4.41}$$

4.5.2　不对称△-△电路的计算

如图4.33所示,当负载为△形不平衡三相负载时,因加在负载上的电压是对称线电压的值,所以各相电流的计算与平衡三相负载的计算方法相同。

$$\dot{I}_{ab} = \dot{E}_{ab}/Z_{ab} \qquad \dot{I}_{bc} = \dot{E}_{bc}/Z_{bc} \qquad \dot{I}_{ca} = \dot{E}_{ca}/Z_{ca} \tag{4.42}$$

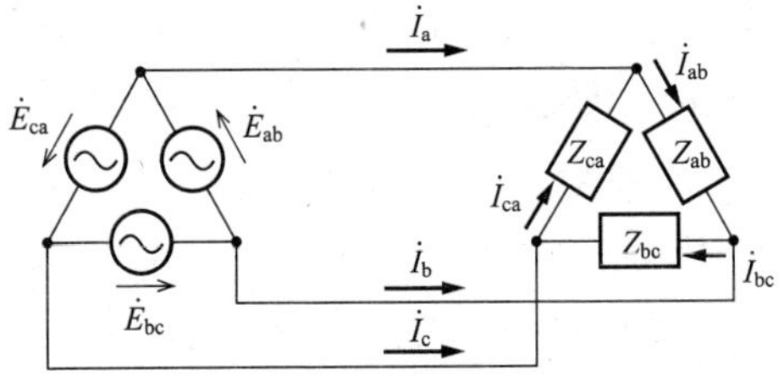

图 4.33

由线电流与相电流的关系可知，线电流为

$$\dot{I}_a = \dot{I}_{ab} - \dot{I}_{ca} \qquad \dot{I}_b = \dot{I}_{bc} - \dot{I}_{ab} \qquad \dot{I}_c = \dot{I}_{ca} - \dot{I}_{bc} \qquad (4.43)$$

当输电线发生故障时，常常使用对称分量法计算电流与电压。

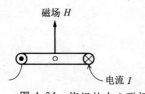

三相交流电动机（旋转磁场的产生）

我们已经介绍了有关利用旋转磁场来制造交流发电机的知识。在工业上，一般使用三相同步电动机或三相感应电动机。

磁场 H

图 4.34　绕组的中心磁场

如图 4.34 所示，给一个圆形绕组通上电流时就会在垂直于绕组平面的方向上产生磁场。设通以电流 $I(I = I_m \sin\omega t)$ 时，绕组中产生的磁场强度为 H。因为绕组中心磁场的强度 H 与电流成正比，因此，

$$H = kI_m \sin\omega t = H_m \sin\omega t \qquad (4.44)$$

此磁场为大小和方向都随时间变化的交变磁场。

如图 4.35(a) 所示，把三个匝数相同的绕组，在空间以相互间相差 $2\pi/3$ 放置，当给其通以三相交流电时，各绕组中心的磁场强度为

$$\left. \begin{aligned} h_a &= H_m \sin\omega t \\ h_b &= H_m \sin\left(\omega t - \frac{2}{3}\pi\right) \\ h_c &= H_m \sin\left(\omega t - \frac{4}{3}\pi\right) \end{aligned} \right\} \qquad (4.45)$$

空间磁场是各绕组产生的磁场 h_a, h_b, h_c 之和，如图 4.35(b) 所示。

h_a, h_b, h_c 的大小与流过绕组的电流的大小成正比。下面从图 4.36 所示的三相电流的波形图来讨论合成磁场的变化。

在图 4.36 中①的瞬间，各相的电流为 $i_a = \dot{I}_m(A)$，$i_b = i_c = -I_m/2$ (A)，合成磁场的向量方向如图 4.37 所示。合成时，若考虑电流的正负，那么从①～⑦一个周期内各时刻的合成磁场的向量就是一个周期内旋转了 $360°$ 的磁场。

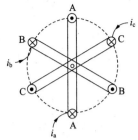

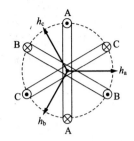

(a) 绕组的空间分布示意图　　(b) 三相交流电产生的磁场

图 4.35

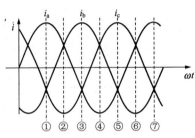

图 4.36　三相交流电流

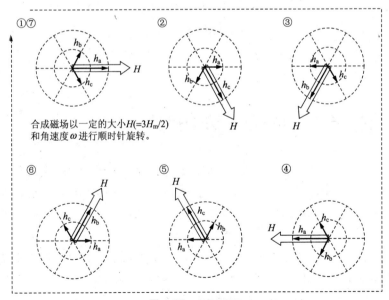

合成磁场以一定的大小$H(=3H_m/2)$和角速度ω进行顺时针旋转。

图 4.37　旋转磁场

合成磁场就是这样以一定的大小 $H(=3H_m/2)$、以交流电流的角频率 $\omega(=2\pi f)$ 顺时针旋转的向量,这种磁场称为旋转磁场。它的旋转方向与相序一致。给这个磁场中放入磁铁后,受磁场的作用,磁铁也会旋转,这就是同步电动机原理。另外,在磁场中放入鼠笼形导体时,受旋转磁场的影响,鼠笼形导体中会产生感应电动势。电动势又使导体产生感应电流。在感应电流与磁场间电磁力的作用下,鼠笼形导体发生旋转,这就是三相感应电动机的原理。

旋转磁场的方向由电源的相序来决定。当改变相序时,旋转磁场的方向会跟着改变,电动机的转子也会向反方向旋转。

在图 4.38 中,把接在电动机上的两根导线调换位置,则旋转磁场的方向就会与原来相反(U-V-W→U-W-V),电动机的旋转方向也与原来相反。

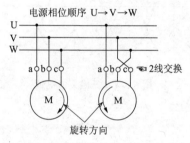

图 4.38　改变电流相序时的旋转方向

4.7 对称分量法的基础

在输电线三相平衡电路中,当负载不平衡或由于输电线发生故障而产生不平衡电流时,为了让保护继电器排除故障,有必要计算出电压和电流的大小,为了把不平衡三相电路中复杂的计算简单化,人们提出了对称分量法。

对称分量法认为电流、电压等都是由对称的成分构成的,把不平衡电压、电流分成三组平衡成分,然后分别对各成分进行电路计算,这就是利用叠加定理求实际的电压与电流的方法。

1. 对称分量

任何一个不平衡电流,都可分解成下面三组平衡分量:

① 同相分量(零相序分量 $\dot{I}_0$)。

② 三相平衡分量(正相序分量 $\dot{I}_1$)。

③ 三相平衡但相序相反的分量(反相序分量 $\dot{I}_2$)。

图 4.39 所示是各分量的向量图,这些都称为对称分量。零相序分量是单相交流电,正相序分量和反相序分量是对称三相交流电。当三相处于平衡状态(正常状态)时,零相序分量、反相序分量都为 0。

同理,电压也可分解成零相序分量、正相序分量和反相序分量。

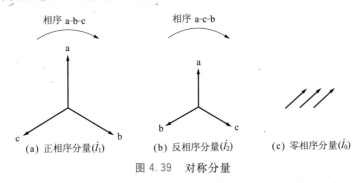

图 4.39 对称分量

2. 不平衡电流的三组相序分量表示法

对称分量法中使用的 a 算子由下式表示:

$$a=\left(-\frac{1}{2}+j\frac{\sqrt{3}}{2}\right)=1\angle\frac{2}{3}\pi \tag{4.46}$$

我们已经学过给交流电路乘以 j 后,其大小不变,但相位会超前 $\pi/2$。同理,给某向量乘以 a 后,其绝对值大小不变,但相位将超前 $2\pi/3$;乘以 a^2 后,相位超前 $4\pi/3$(或落后 $2\pi/3$);乘以 a^3,则相位超前 2π,因为 a^3 等于 1。

用 a 来表示相序为 a-b-c 的对称三相电动势,则

$$\dot{E}_a(参考量) \quad \dot{E}_b=a^2\dot{E}_a \quad \dot{E}_c=a\dot{E}_a \tag{4.47}$$

三者之间的关系如图 4.40 所示。另外,也可从图中看出

$$1+a+a^2=0$$

用 a 把三相不平衡电流表示成各自的对称分量,则

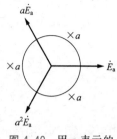

图 4.40 用 a 表示的
对称三相电动势

$$\left.\begin{array}{l} \dot{I}_a = \dot{I}_0 + \dot{I}_1 + \dot{I}_2 \\ \dot{I}_b = \dot{I}_0 + a^2 \dot{I}_1 + a \dot{I}_2 \\ \dot{I}_c = \dot{I}_0 + a \dot{I}_1 + a^2 \dot{I}_2 \end{array}\right\} \quad (4.48)$$

与此相反,从式(4.48)可求出电流的对称分量 $\dot{I}_0, \dot{I}_1, \dot{I}_2$,即

$$\left.\begin{array}{l} \dot{I}_0 = (\dot{I}_a + \dot{I}_b + \dot{I}_c)/3 \\ \dot{I}_1 = (\dot{I}_a + a \dot{I}_b + a^2 \dot{I}_c)/3 \\ \dot{I}_2 = (\dot{I}_a + a^2 \dot{I}_b + a \dot{I}_c)/3 \end{array}\right\} \quad (4.49)$$

同理可求出电压的对称分量。

3. 对称分量电流的性质

零相序分量、正相序分量和反相序分量这三组经平衡后的电流所代表的意义如下所述。

① 零相序分量($\dot{I}_0$)。三相电路在发生接地故障或断线时,就会产生不平衡电流。当输电线中流过零相序电流 $\dot{I}_0$ 时,$\dot{I}_0$ 产生的磁通各相相同,因此总磁通等于各磁通的算术和。由于互感作用,附近的通信线中会产生感应电压,从而引发通信故障。此时,只要检测出 $\dot{I}_0$,就可使接地继电器工作,从而排除接地事故。

② 正相序分量($\dot{I}_1$)。三相平衡电路中流过的电流是正相序电流。

③ 反相序分量($\dot{I}_2$)。这是三相平衡电流,但相的旋转方向与正相序电流的相反。因此,反相序分量 $\dot{I}_2$ 给电动机提供了反向力矩(制动作用)。

$\dot{I}_a, \dot{I}_b, \dot{I}_c$ 为正常三相交流电时,零相序分量 $\dot{I}_0$ 和反相序分量 $\dot{I}_2$ 都为0,只有当发生故障,产生不平衡时,才会产生 $\dot{I}_0$ 和 $\dot{I}_2$。

4. 通信线路的感应故障

下面求输电线的一根线接地时,在通信线上因电磁感应而产生的电压。

如图 4.41 所示,设输电线中流过的各相电流为 $\dot{I}_a, \dot{I}_b, \dot{I}_c$。单位长度的输电线与通信线的各相的互感为 $M(\mathrm{H/km})$,输电线和通信线并行的长度为 $l(\mathrm{km})$,则感应电压为

$$\dot{V} = j\omega Ml(\dot{I}_a + \dot{I}_b + \dot{I}_c) = j\omega Ml \times 3\dot{I}_0$$

一般情况下,因$\dot{I}_a$,$\dot{I}_b$,$\dot{I}_c$平衡,所以零相序分量$\dot{I}_0 = 0$,不产生感应电压。但是,当输电线中的一根线发生接地故障时,就会产生零相序分量$\dot{I}_0$,从而引起感应故障。

5. 对称分量电流$\dot{I}_0$,$\dot{I}_1$,$\dot{I}_2$的计算

如图 4.42 所示,给对称三相电源中接入一个单相负载,求对称分量电流$\dot{I}_0$,$\dot{I}_1$,$\dot{I}_2$。

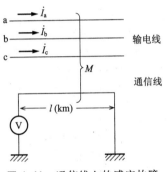

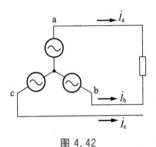

图 4.41　通信线上的感应故障　　　　图 4.42

由基尔霍夫定律可知

$$\dot{I}_a + \dot{I}_b = 0$$

所以,

$$\dot{I}_b = -\dot{I}_a$$

因 c 线开路,故$\dot{I}_c = 0$。将此代入式(4.49),可得

$$\dot{I}_0 = (\dot{I}_a + \dot{I}_b + \dot{I}_c)/3 = 0$$

$$\dot{I}_1 = (\dot{I}_a + a\dot{I}_b + a^2\dot{I}_c)/3 = [\dot{I}_a + a(-\dot{I}_a)]/3$$

$$= (1-a)\dot{I}_a/3$$

$$\dot{I}_2 = (\dot{I}_a + a^2\dot{I}_b + a\dot{I}_c)/3 = [\dot{I}_a + a^2(-\dot{I}_a)]/3$$

$$= (1-a^2)\dot{I}_a/3$$

6. 发电机的端电压

一般情况下,三相发电机只产生正相序电动势E_1。当负载不平衡

时,对应于对称分量电流($\dot{I}_0$,$\dot{I}_1$,$\dot{I}_2$),发电机的内阻会产生三个不同的值 Z_0,Z_1,Z_2。因此,电源的端电压便成了不平衡电压。

发电机端电压的对称分量计算如下:

$$\left.\begin{array}{l} \dot{V}_0 = -\dot{I}_0 Z_0 \\ \dot{V}_1 = \dot{E}_1 - \dot{I}_1 Z_1 \\ \dot{V}_2 = -\dot{I}_2 Z_2 \end{array}\right\} \tag{4.50}$$

这是发电机的基本式。

7. 检测接地故障的方法

下面以零相序变流器(ZCT)为例,介绍检测接地故障的方法。

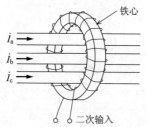

图 4.43 零相序变流器的结构图

如图 4.43 所示,零相序变流器的结构是给一个铁心中贯通三个导体作为一次端,并且在上面绕上二次绕组。由一次电流中各线电流产生的磁通在铁心中进行合成,在二次绕组中由合成磁通产生二次电流。一般情况下,一次电流是三相平衡电流,故 $\dot{I}_a + \dot{I}_b + \dot{I}_c = 0$,磁场上达到平衡,不产生二次电流,但当其发生接地故障时,会产生零相序电流。此时,一次电流为

$$\dot{I}_a + \dot{I}_b + \dot{I}_c = 3\dot{I}_0$$

铁心中有二次电流通过,产生了磁通,这样就可检测出接地故障。因此,零相序变流器常被用作接地继电器 CT 的检测输入。

第 5 章

三相感应电动机

三相感应电动机的原理

三相感应电动机的原理如图 5.1 所示。

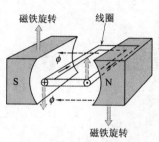

因电磁感应线圈产生感应电动势,沿线圈有电流流通。这可应用右手定则。磁铁向右转相对地说等于线圈向左转。

图 5.1　三相感应电动机原理图

● 5.1.1　转动磁铁使线圈转动

如图 5.2 所示,磁铁向右转,可以认为这和内侧的线圈相对向左转是一样的。现在用右手定则。移动方向为向下,磁通方向为从右至左,电动势方向为从前(书面)到后,电流将沿线圈形成环流。这一环电流和磁铁作用产生的电磁力为:当电流由前到里时,磁通从左到右,力的方向应向上。就是说,线圈随着磁铁转动的方向而转动。

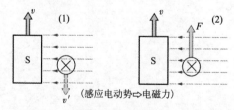

图 5.2　线圈跟着磁铁转动的方向而转动

● 5.1.2　旋转磁场

感应电动机的工作原理是不用转动磁铁而使磁场旋转,这和使磁铁转动的作用是一样的。图 5.3 所示的原理图是以两极为例的情况。该图

表示对应 $t_0,t_1,t_2,t_3,\cdots$ 时刻,磁场旋转的情况。t_0 时磁场指向右,t_3 时指向下,t_6 时指向左,t_9 时指向上,t_{12} 时又回到 t_0 时的位置,即转了一圈。两极时,一周期转一回。

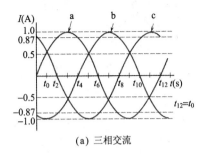

(a) 三相交流

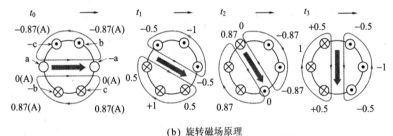

(b) 旋转磁场原理

图 5.3 产生旋转磁场的方法(两极)

 5.1.3 感应电动机的定子和转子

感应电动机中能够有旋转磁场是靠将定子绕组接上三相交流电源而实现的。定子绕组的旋转磁场使转子导体(线圈)因电磁感应而产生电动势,沿线圈有环电流流通。转子感应出的电流和旋转磁场之间的电磁力作用使转子旋转。

5.2 三相感应电动机的结构

三相感应电动机的结构及定子和转子的构成如图 5.4 和图 5.5 所示。

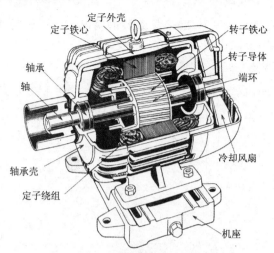

定子外壳
定子铁心
转子铁心
转子导体
轴承
端环
轴
轴承壳
冷却风扇
定子绕组
机座

图 5.4　三相感应电动机的结构

(a) 定子(一次侧)
　　定子外壳、轴承、定子铁心、定子绕组
(b) 转子(二次侧)
　　铁心、转子
　　ⅰ 笼型转子:端环(短路环)、斜槽
　　ⅱ 绕线型转子:滑环和电刷、轴、风道

图 5.5　定子和转子的构成

5.2.1　三相感应电动机的定子

感应电动机的定子是用来产生旋转磁场的,它由定子铁心、定子绕组、铁心外侧的定子外壳、支持转子轴的轴承等组成,如图 5.6 所示。

铁心用厚 0.35~0.5mm 的硅钢片叠成。在铁心内圆有用来嵌放定子绕组的槽。四极时为 24 或 36 槽,一个槽一般嵌入两层线圈。

绕组型直流机也用的是叠绕型。绕组各相的接线采用每相电压负担小的星形连接法。极数越多,旋转磁场的转速越慢。旋转磁场的转速可表示为

$$n_s = \frac{120f}{p} \ (\mathrm{r/min})$$

式中,f 为频率,单位为 Hz;p 为极数;n_s 为同步转速。

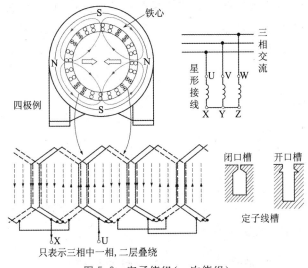

图 5.6 定子绕组(一次绕组)

5.2.2 笼型转子——笼型感应电动机

笼型转子(绕线型转子和直流机的电枢一样,在铁心上装有线圈)如果去掉铁心,只看电流流通的部分[导(铜)条和端环],则它的外形就像一个笼子(鸟笼),由此而得名,如图 5.7 所示。

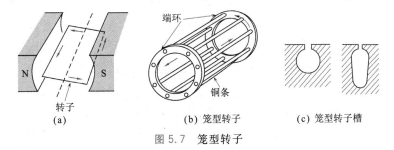

(a)　　　　　　(b) 笼型转子　　　　(c) 笼型转子槽

图 5.7 笼型转子

1. 转子铁心

冲裁定子铁心硅钢片剩下的部分,可用于制作转子铁心,转子铁心由冲槽的硅钢片叠成。

2. 转子导条

先在铁心槽内嵌入铜条,在其两端接上称为端环的环状铜板。由感应电动势产生的电流在铜条和端环间循环,这一电流和旋转磁场作用而产生的电磁力使转子旋转起来。

图 5.8 斜槽转子

3．斜槽转子

笼型感应电动机的缺点之一是启动转矩小,扭斜一个槽位就可以启动。斜槽转子如图 5.8 所示。

4．铸铝转子

小功率感应电动机的铜导条和端环改用铝浇铸,形成铝导条和端环。

因为铝比铜电导率小,故需做大一点。目前,这种铸铝转子被大量生产,连冷却风扇也能同时铸造出来。

5.2.3 绕线型转子——绕线型感应电动机

1．绕线型转子

绕线型转子与由导条和端环组成的笼型转子不同,如直流机一样,它是在铁心上嵌有线圈,如图 5.9 所示。

2．转子铁心

转子铁心由硅钢片叠成,铁心圆周上冲有半闭口槽。三相绕组的排放要做到使转子极数与定子极数相同,其槽数也应选定。

3．转子绕组

小容量电动机的转子绕组与定子绕组相同,可以采用双层叠绕方法。大容量时电流大,导线常采用棒状、方形等的铜线。槽内先嵌入铜线,然后把它们连接起来,绕线方法一般采用双层波绕。

4．滑　环

绕线型和笼型的差别之一是笼型的导条在转子内构成闭合回路,与此相反,绕线型绕组中各相的一端在电气上与静止部分的可变电阻器连接,并形成闭合电路。旋转部分与静止部分在电气上连通是靠转子上的滑环(集电环)和电刷实现的。

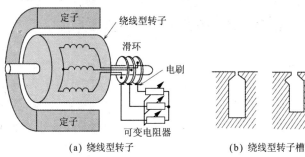

(a) 绕线型转子   (b) 绕线型转子槽

图 5.9 绕线型转子

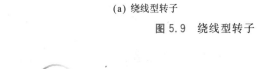

5.3 三相感应电动机的性质

5.3.1 转差率

感应电动机是由于旋转磁场切割转子绕组而旋转的,正因如此,转子转速总是略低于同步转速,如图 5.10 所示。旋转磁场的转速(同步转速)n_s 和转子转速 n 之差称为转差,转差和同步转速之比称为转差率,如图 5.11 所示。

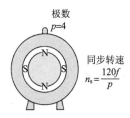

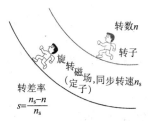

图 5.10 三相感应电动机的同步转速   图 5.11 同步转速和转差率

转差率 $s = \dfrac{n_s - n}{n_s}$

由此得转子转速为

$$n = (1-s)n_s$$

电动机空载时 $s \rightarrow 0$,启动前停止状态时 $s = 1$。小型机的转差率为 $5\% \sim 10\%$,大型机的转差率为 $3\% \sim 5\%$。

5.3.2　感应电动机和变压器的相似性

1. 变压器

在变压器一次侧施加交流电压后就会在一次绕组中有励磁电流,在铁心中产生交变磁通,在二次绕组产生感应电动势,二次侧若有负荷,则二次绕组中有电流。由于电磁感应的作用,一次绕组中的电流为励磁电流加负荷电流。

2. 感应电动机

在感应电动机输入端加上三相交流电源后就会在定子绕组中有励磁电流,旋转磁势使铁心中产生磁通,转子绕组产生感应电动势,在闭合的转子绕组中有感应电流流通,转子转动,加上机械负荷时转子电流增加。由于电磁感应作用,定子电流也增加。

由以上比较可以看出,感应电动机和变压器有相似的性质,如图 5.12 所示。把感应电动机的定子绕组称为一次绕组,转子绕组称为二次绕组。

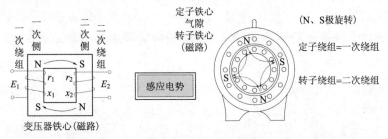

图 5.12　感应电动机与变压器的相似性

【例 5.1】

四极、50Hz 的三相感应电动机的转速为 1425r/min,求此电动机的转差率为多少?

解：$n_s = \dfrac{120 \times 50}{4} = 1500 \ (\text{r/min})$

$s = \dfrac{1500 - 1425}{1500} = 0.05 = 5\%$

5.3.3 感应电动势和电流

1. 感应电动势

给定子(一次)绕组每相施加电源电压 V_1,则励磁电流 I_0 随之流通,旋转磁场使定子(一次)绕组及转子绕组(二次)各相产生一次感应电动势 E_1 及二次感应电动势 E_2。

2. 漏电抗

如图 5.13 所示,励磁电流产生的磁通大部分成为主磁通,一部分成为漏磁通。只和二次绕组交链的磁通,才在二次绕组产生感应电动势,并作为二次绕组的电压降起作用。二次绕组的情况是这样,一次绕组的情况也如此。

3. 即将启动之前(停止)的二次电流

$$n=0, \to s=1$$

即将启动之前的二次电流为

$$I_{2s} = \frac{E_2}{\sqrt{r_2^2 + x_2^2}}$$

二次功率因数 $\cos\theta_{2s} = \dfrac{r_2}{\sqrt{r_2^2 + x_2^2}}$

式中,r_2 为二次绕组每相电阻值,因二次绕组为铜条或方铜线,故电阻值很小。由上两式可知,启动时二次电流值很大,功率因数很差(图 5.14)。

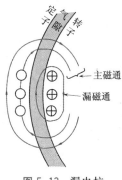

图 5.13 漏电抗

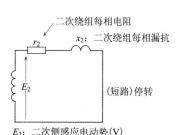

E_2:二次侧感应电动势(V)

图 5.14 感应电动机二次侧的
等效电路(转子)

5.3.4 运行中的二次电流

1. 二次感应电动势和频率

电动机以转差率 s 旋转时,因转差为 $n_s - n = sn_s$ 故旋转磁场的磁通切割二次绕组的量是即将启动前($s=1$)的 s 倍。

二次感应电动势 $E_{2s} = sE_2$ (V)

二次感应电动势的频率 $f_2 = sf_1$ (Hz)

式中,f_1 为一次侧供给电源的频率。

2. 二次绕组的漏电抗和阻抗

因电抗 $x = 2\pi fL$,故 f 若变为 sf,则 x 也变为 sx。

二次绕组每相漏电抗 $x_{2s} = sx_2$ (Ω)

二次绕组每相阻抗 $z_{2s} = \sqrt{r_2^2 + (sx_2)^2}$ (Ω)

3. 二次电流和二次功率因数

由上面两式可求出电流和功率因数,即

$$二次电流\ I_2 = \frac{E_{2s}}{Z_{2s}} = \frac{sE_2}{\sqrt{r_2^2 + (sx_2)^2}} \ (A)$$

$$二次功率因数\ \cos\theta_2 = \frac{r_2}{\sqrt{r_2^2 + (sx_2)^2}}$$

4. 等效电路

二次电流的等效电路如图 5.15 所示。

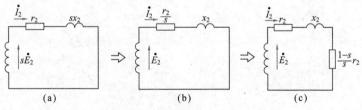

图 5.15 等效电路(二次侧)

等效电路和圆图

三相感应电动机的等效电路和向量图如图 5.16 和图 5.17 所示。

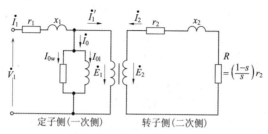

定子侧(一次侧)　　　　转子侧(二次侧)

图 5.16　等效电路

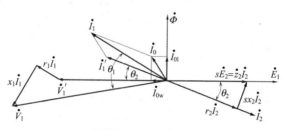

图 5.17　向量图

5.4.1　简化等效电路

常用简化等效电路来求感应电动机的特性。简化等效电路是将励磁电路直接并接到电源电压上,如图 5.18 所示。二次侧的绕组电阻和漏电抗等都折算到一次侧,折算中用到匝数比 a,它用一次和二次感应电动势之比求得。

$$a = E_1 / E_2$$

将各种二次侧的值折算到一次侧,即

$$r'_2 = a^2 r_2 \qquad R' = a^2 r_2 \left(\frac{1-s}{s} \right)$$

$$x'_2 = a^2 x_2$$

$$E'_2 = a E_2$$

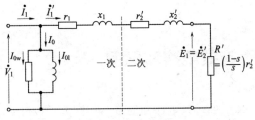

图 5.18　简化等效电路

利用简化等效电路可求出下列值。

一次电流 $\dot{I}_1 = \dot{I}_0 + \dot{I}_1'$（A）

励磁电流 $I_0 = V_1 \sqrt{g_0^2 + b_0^2}$（A）

一次负荷电流 $I_1' = \dfrac{V_1}{\sqrt{(r_1 + r_2'/s)^2 + (x_1 + x_2')^2}}$（A）

一次输入功率 $P_1 = p_i + p_{c1} + p_{c2} + P_0 = V_1 I_1 \cos\theta_1$（W）

一次铁耗 $p_i = V_1 I_{0w} = V_1^2 g_0$（W）

一次铜耗 $p_{c1} = I_1'^2 r_1$（W）

二次输入功率 $P_2 = p_{c2} + P_0 = I_1'^2 r_2'/s$（W）

二次铜耗 $p_{c2} = I_1'^2 r_2' = s P_2$（W）

二次输出功率 $P_0 = I_1'^2 R' = I_1'^2 r_2'\left(\dfrac{1-s}{s}\right) = (1-s) P_2$（W）

二次效率 $\eta_0 = \dfrac{P_0}{P_2} = \dfrac{(1-s)}{P_2} P_2 = 1 - s$

效率 $\eta = \dfrac{P_0}{P_1}$

5.4.2　圆　图

1. 等效电路和圆图

若根据简化等效电路画向量图,则一次负载电流向量顶端的轨迹将通过半圆。半圆的直径为 $V/(x_1 + x_2)$,若端电压为定值,则无论负载多大,都可在圆图上求到。

2. 圆图的画法

如图 5.19 所示,图中纵坐标表示电压,而对于电流和功率,表示其有功分量。

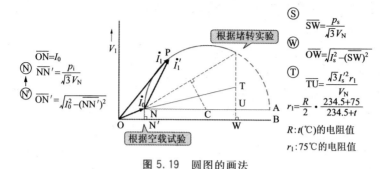

图 5.19　圆图的画法

可用 200mm 长度代表额定电流的大小,这就定出了每 mm 代表多少电流的电流比例尺。功率比例尺=电流比例尺×$\sqrt{3}$×额定电压。

根据空载试验(额定电压时的空载电流 I_0 和空载输入功率 P_i),定出 N 和 N′点。根据堵转试验(将转子堵转,滑环短路,使一次绕组电流为额定 I_N,求出一次电压 V'_s 和一次功率 P'_i)定出 W 和 S 点。作$\overline{NS}$的垂直平分线,它与$\overline{NA}$的交点 C 就是圆图的圆心。以 C 为圆心,以$\overline{NC}$长度为半径,画出 NSA 半圆。根据绕组电阻测量(测量各端子间的一次绕组电阻,求出平均值并换算到 75℃时的值),求出 r_1,把$\overline{NS}$的大小换算成电流(称为一次短路电流,以 I'_s 表示)值,由此定出 T 点。

3. 求特性方法

利用圆图求运行数据如图 5.20 所示,具体方法如下。

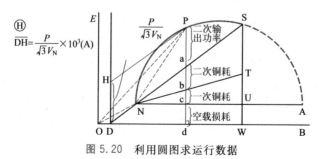

图 5.20　利用圆图求运行数据

① 令$\overline{NS}$延长线和$\overline{OB}$的交点为 D,由 D 向上引垂直线,根据任意功率 $P(\text{kW})$,求出 H 点。

② 通过 H 点作平行于 $\overline{DS}$ 的直线,与圆周交于 P 点。

③ 由 P 点向下作垂直于 $\overline{OB}$ 的直线,与 $\overline{DS}$ 交于 a,与 $\overline{NT}$ 交于 b,与 $\overline{NU}$ 交于 c,与 $\overline{OB}$ 交于 d。

以电流比例尺表示的有 $\overline{ON}$ 为空载电流,$\overline{NP}$ 为一次负荷电流,$\overline{OP}$ 为一次电流。

以功率比例尺表示的有 $\overline{HD}=\overline{Pa}$ 为二次输出功率,$\overline{ab}$ 为二次铜耗,$\overline{bc}$ 为一次铜耗,$\overline{cd}$ 为空载损耗,$\overline{Pb}$ 为二次输入功率,$\overline{Pd}$ 为一次输入功率。

转差率可用 $\overline{ab}/\overline{Pb}$ 表示,效率用 $\overline{Pa}/\overline{Pd}$ 表示,功率因数 $\cos\theta_1$ 用 $\cos\angle EOP$ 求得。

5.5　三相感应电动机的特性

5.5.1　输入、输出和损耗的关系

三相感应电动机的特性见表 5.1,其转差率和转速的关系如图 5.21 所示,输入、输出和损耗的关系如图 5.22 所示。

表 5.1　三相感应电动机的特性表

| 类型 | 额定输出功率 /kW | 极数 | 同步转速 /r/min | | 全负荷特性 | | | | 空载电流 I_0/A | 启动电流 I_{st}/A |
			50Hz	60Hz	转差率 s/%	频率 η/%	功率因数 pf/%	电流 I_1/A		
低压笼型	0.75	4	1500	1800	7.5	75 以上	73.0 以上	3.8	2.5	23 以下
	1.50	4	1500	1800	7.0	78.5 以上	77.0 以上	6.8	4.1	42 以下
	3.7	4	1500	1800	6.0	82.5 以上	80.0 以上	15	8.1	97 以下
	3.7	6	1000	1200	6.0	82.0 以上	75.5 以上	16	9.9	105 以下
低压绕线型	7.5	4	1500	1800	5.5	83.5 以上	79.0 以上	23	12	42 以下
	22	6	1000	1200	5.0	86.5 以上	82.0 以上	85	36	155 以下
	30	6	1000	1200	5.0	87.5 以上	82.5 以上	114	48	210 以上
	37	8	750	900	5.0	87.0 以上	81.5 以上	143	59	200 以上

注:额定电压 200V,电流为各相平均值。

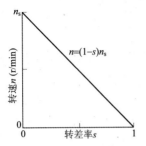

额定功率和公制马力：

1PS：1 公制马力＝735.5W

＝0.736kW

≈0.75kW

（例）22kW＝30PS

30kW＝40PS

37kW＝50PS

图 5.21 转差率和转速的关系

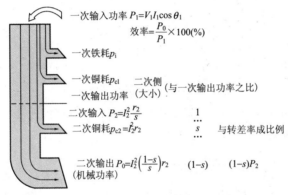

图 5.22 输入、输出和损耗的关系

● 5.5.2 转矩和同步功率

令角速度为 $\omega(\mathrm{rad/s})$、转速为 $n(\mathrm{r/min})$、转矩为 $T/(\mathrm{N \cdot m})$、二次输出功率（机械功率）为 $P_0(\mathrm{W})$，则

$$P_0 = \omega T = 2\pi n T / 60 \ (\mathrm{W})$$

$$T = \frac{60P_0}{2\pi n} \ (\mathrm{N \cdot m})$$

因为 $P_0 = P_2(1-s)$ 和 $n = n_s(1-s)$，故

$$T = \frac{60P_2(1-s)}{2\pi n_s(1-s)} = \frac{60}{2\pi n_s}P_2 \ (\mathrm{N \cdot m})$$

这表示转矩和二次输入功率成正比，转矩可用二次输入功率表示。二次输入功率 P_2 又称为同步功率。

5.5.3　转速特性曲线

转速特性曲线如图 5.23 所示,图中横坐标表示转差率,也即转速。纵坐标表示转矩、一次电流、功率、功率因数和效率等。

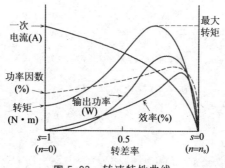

图 5.23　转速特性曲线

该图表示在输入端施加额定电压时,随着转差率的改变,各量如何变化,其中极为重要的是转差率和转矩的关系。

5.5.4　转矩的比例推移

转矩的比例推移如图 5.24 所示。

$$T = \frac{60}{2\pi n_s} \frac{s E_2^2 r_2}{r_2^2 + (s x_2)^2}$$

分子、分母都除以 s^2,得

$$T = \frac{60}{2\pi n_s} \frac{E_2^2 \left(\dfrac{r_2}{s} \right)}{\left(\dfrac{r_2}{s} \right)^2 + x_2^2}$$

因为除 r_2 和 s 外,式中其他各量皆为定值,故若 r_2/s 不变,T 应为同一值。就是说,若二次电阻 r_2 增加了 m 倍,转差率 s 也增加 m 倍,则 T 保持同一值。

为了得到同一转矩,转差率应根据二次电阻按比例变化(比例推移)。对二次电阻能够改变的绕线型感应电动机可以利用比例推移原理。利用这一原理,就能够提高启动转矩或进行调速。

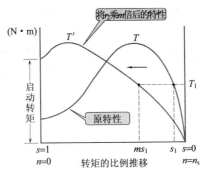

图 5.24 转矩的比例推移

⊙ 5.5.5 最大转矩

感应电动机的转矩为

$$T = \frac{60}{2\pi n_s} \cdot \frac{E_2^2 \left(\dfrac{r_2}{s} \right)}{\left(\dfrac{r_2}{s} \right)^2 + x_2^2} = \frac{60}{2\pi n_s} \cdot \frac{E_2^2 x_2}{\dfrac{r_2^2}{s} + s x_2^2}$$

除 s 以外，其他各参数皆为常数，故 $r_2^2/s + s x_2^2$ 为最小时的转矩最大。

这样，设 $\dfrac{r_2^2}{s} \times s x_2^2 = r_2^2 x_2^2$ 为定量，则

$$\frac{r_2^2}{s} = s x_2^2$$

$$s = \frac{r_2}{x_2}$$

⊙ 5.5.6 输出功率特性曲线

感应电动机的转出功率特性曲线如图 5.25 所示，图中横坐标表示输出功率。纵坐标表示功率因数、效率、转矩、一次电流、转速和转差率。由图可知，感应电动机有如下特点。

① 额定负荷（额定输出功率）附近的功率因数和效率有最大值。

② 由于转速几乎不变，所以具有恒速特性。

③ 因感应电动机磁路有间隙，故功率因数较变压器差。

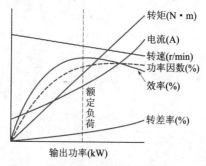

图 5.25　输出功率曲线

【例 5.2】

　　四极、60Hz 的三相感应电动机,二次每相电阻为 0.02Ω,设转差率为 1 的每相漏电抗为 0.1Ω,求产生最大转矩的转速。

　　解: $s = \dfrac{r_2}{x_2} = \dfrac{0.02}{0.1} = 0.2$

$$n = (1 - s)\dfrac{120f}{p} = 1440 \ (\text{r/min})$$

启动和运行

5.6.1　启动方法

　　感应电动机的启动方法见表 5.2 和图 5.26。

表 5.2　**感应电动机的启动方法**

启动方法	转子类型	方　法	特　征
全电压启动	笼型 3.7kW 以下	也称自接入启动,直接施加全电压	启动电流为全负荷时的数倍
Y-△启动	笼型 5.5kW 左右	开始按星形接线,启动后改为三角形接线,启动时绕组每相电压为运行时的 $1/\sqrt{3}$ 倍	启动电流和转矩为全电压启动时的 $\dfrac{1}{3}$ 倍

启动方法	转子类型	方 法	特 征
启动用自耦变压器	笼型 15kW 以上	用三相自耦变压器降低电压启动，启动后立即切换为全电压	能限制启动电流
机械启动	笼型小型电机	用液力式或电磁式离合器将负荷接于空载的电机	有离合器等设备的特殊场合
用启动电阻器启动	绕线型 75kW 以下	利用启动转矩比例推移原理使二次电阻增至最大	启动电流小，还可调速
启动电阻器＋控制器	75kW 以上	启动器和速度控制器分别设置	

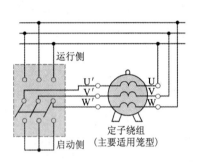

(a) 丫-△启动法

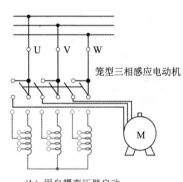

(b) 用自耦变压器启动

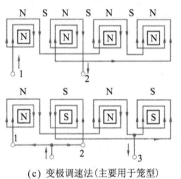

(c) 变极调速法(主要用于笼型)

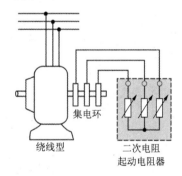

(d) 用二次电阻启动和调速

图 5.26 感应电动机的启动法

5.6.2 调 速

感应电动机全负荷时转差率约为百分之几,从这种电动机的转速特性来看,调速较难。除了改变绕线式感应电动机二次电阻以外,别的方法可以说都是特殊的。感应电动机的调速方法见表 5.3。

表 5.3 感应电动机的调速

种 类	方 法	特 征	应用实例
改变电源频率的方法	根据 $n_s = 120f/p$,同步转速随电源频率而变化	需要有独立可变频率电源	压延机、机床、船舶
改变极数的方法	同一槽内嵌放不同极数绕组,改变定子绕组接线	用于笼型多速电动机	机床、升降机、送风机
改变二次电阻的方法	利用转矩的比例推移原理,二次电阻和转差、率成正比	二次铜耗大、效率差、负荷变化时速度不稳定	卷扬机、升降机、起重机

5.7 特殊笼型三相感应电动机

特殊笼型三相感应电动机的二次电阻和转矩的关系如图 5.27 所示,特殊笼型三相感应电动机的分类和功率如图 5.28 所示。

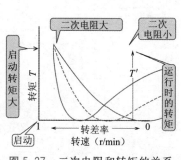

图 5.27 二次电阻和转矩的关系

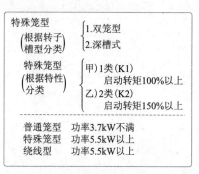

图 5.28 特殊笼型三相感应电动机的分类和功率

◎ 5.7.1 特殊笼型比普通笼型的启动性能好

笼型的优点如下:

① 牢固。

② 操作简单。

③ 便宜。

④ 比绕线型的运行特性好。

⑤ 故障少。

⑥ 不要滑环。

绕线型的优点如下：

① 启动性能好。

② 容易调速。

特殊笼型是一方面持有笼型，另一方面力求得到启动性能好这一绕线型的优点。

特殊笼型按转子槽形的不同分为（甲）双笼型和（乙）深槽式两种，如图 5.29 和图 5.30 所示。

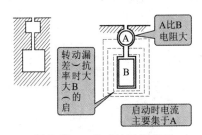

图 5.29　双笼型转子的槽型

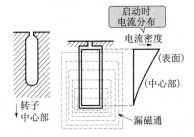

图 5.30　深槽式转子的槽型

● 5.7.2　双笼型三相感应电动机

双笼型转子如图 5.31 所示，转子（二次侧）导体条为双层笼状，外侧导体条的电阻比内侧的大。内侧导体条的漏电抗远比外侧的大。

启动时二次侧频率和电源频率相近，转速提高后，频率下降。根据电抗 $x = 2\pi fL$ 可知，启动时电抗大。因此，启动时电流集中在电阻大的外侧导体条。由于二次侧电阻变大，故启动转矩变大。

图 5.31　双笼型转子

转速增加，电流集中到电阻小的内侧导体条，转矩也增大。

● 5.7.3 深槽式笼型三相感应电动机

因为启动时二次侧频率高,所以槽内导条离中心近的部分漏电抗变得很大,启动时电流分布很不均匀,离中心近的部分和表面附近的电流分布差别很大,电流向外侧偏离。因此,二次电阻变大,启动转矩增加。转速提高时,电流分布趋于均匀,具有普通笼型的特性。

5.8 单相感应电动机

脉振磁通的分解如图5.32所示,图5.33示出了单相感应电动机的转矩-转速特性,单相感应电动机的种类和用途见表5.4。

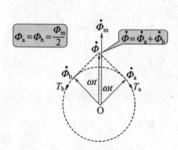

图5.32 脉振磁通的分解

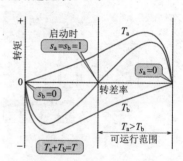

图5.33 转矩-转速特性

表5.4 单相感应电动机的种类和用途

分相启动感应电动机	缝纫机、钻床、浅井泵、办公用设备、台扇
电容启动单相感应电动机	泵、压缩机、冷冻机、传送机、机床
电容运行电动机	电扇、洗衣机、办公设备、机床
电容启动电容运行电动机	泵、传送机、冷冻机、机床
串励启动感应电动机	泵、传送机、冷冻机、机床
罩极单相感应电动机	电扇、电唱机、录音机

5.8.1 旋转原理

给单相感应电动机的一次绕组施加交流电压时,绕组产生一个脉振磁通。这一脉振磁通可以分解成两个幅值皆为 $\Phi_m/2$,转速都为 ω,转向相反的旋转磁场。

这两个旋转磁通中,顺时针转的以 Φ_a 表示,逆时针转的为 Φ_b。这就可以想象为两台感应电动机串接起来,一个有旋转磁通 Φ_a 的向右转,另一个有旋转磁通 Φ_b 的向左转。

向右转和向左转的两台单相感应电动机的转矩 T_a,T_b 合成后的转矩-转速的关系曲线如图 5.34 所示。

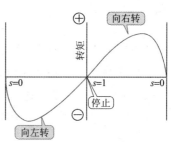

因启动转矩为零,最初如果不在任意方向给予转矩,电机就不会旋转。

根据使电机产生启动转矩的方法不同,可划分不同类型的单相感应电动机。

由以上说明可知,若使单相感应电

图 5.34 转矩-转速曲线

动机产生一定启动转矩,它就旋转。旋转中的三相感应电机,一相保险丝熔断后,仍作为单相感应电机继续旋转就是例证。

5.8.2 各种单相感应电动机

1. 分相启动式单相感应电动机

这种单相感应电动机在定子上另装一个与主绕组 M 在空间上相垂直的启动绕组 A。启动绕组 A 匝数少,电抗小,但用细线绕成,故电阻大。

若给这两个绕组施加电压 V,则主绕组中电流相位较电压相位滞后很多。但因启动绕组电阻大,电抗小,故其电流较电压滞后不多。

在这两个电流 $\dot{I}_A$ 和 $\dot{I}_M$ 间产生相位差 θ,两个绕组就会在气隙中形成一个椭圆形旋转磁场,这样转子就开始旋转。

启动时的电流向量图如图 5.35 所示,图 5.36 示出了分相启动电路图。

转速达到 $70\%\sim80\%$ 同步转速时,离心开关 CS 动作,启动绕组自动从电源断开,以减少损耗。

这种单相感应电动机的特点是结构简单,但启动转矩小。200W 以下使用。为了改善启动特性,有的做成斜槽。

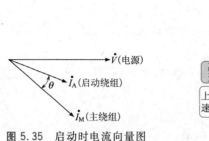

图 5.35　启动时电流向量图

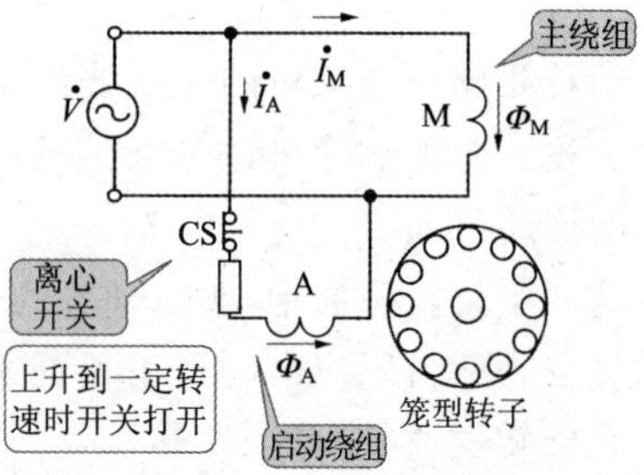

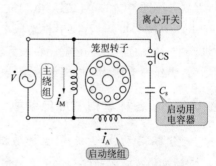

图 5.36　分相启动电路图

2. 电容启动单相感应电动机

在启动绕组 A 回路中串联接入一个电容 C_s,就成为分相启动的又一种形式——电容启动单相感应电动机。转速-转矩曲线如图 5.37 所示,图 5.38 示出了电容启动电路图。

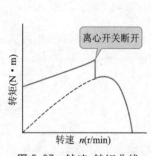

图 5.37　转速-转矩曲线

图 5.38　电容启动电路图

主绕组电流 I_M 和启动绕组电流 I_A 的相位差约为 90°,在气隙中将形成一个接近圆形的旋转磁场。

这种单相感应电动机的特点是启动转矩大,启动电流小。可做到 400W。运行特性好,功率因数约达 90%。

3. 串励启动的单相感应电动机

串励启动的单相感应电动机定子只有主绕组,转子如同直流电动机,带有换向器的绕组。运行中靠离心力将换向器短路,电刷 2 个 1 组,用粗线短路。串励启动的电路图如图 5.39 所示,图 5.40 示出了转矩-转速特性。

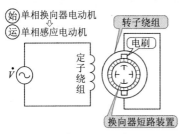

图 5.39 串励启动的电路图

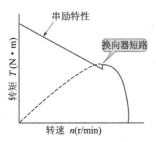

图 5.40 转矩-转速特性

这种单相感应电动机的特点是启动时单相电动机具有直流串励特性,启动转矩大。达到 $70\% \sim 80\%$ 同步转速时换向器自动短路,作为单相感应电动机运行。

4. 罩极式单相感应电动机

罩极式单相感应电动机的定子一部分做成凸极状,在磁极端部边上装有线圈,这称为罩极线圈,电路图如图 5.41 所示。

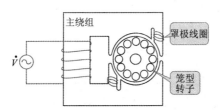

图 5.41 罩极式单相感应电动机的电路图

这种单相感应电动机因结构简单,故可作为极小的电动机应用。损耗大,效率差。

第 6 章

变压器

6.1 变压器概述

● 6.1.1 变压器的作用

变压器按照用途不同,种类很多,可以说是照明、电子设备、动力机械等的基础,作用很大。变压器的外观如图 6.1 所示。

(a) 输配电用变压器

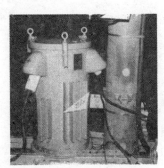

(b) 柱上变压器

图 6.1 变压器外观图

● 6.1.2 变压器的原理

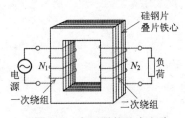

图 6.2 变压器的基本电路

如图 6.2 所示,变压器是铁心上绕有绕组(线圈)的电器,一般把接于电源的绕组称为一次绕组,接于负荷的绕组称为二次绕组。如图 6.3 所示,给一次绕组施加直流电压时,仅当开关开闭瞬间,才使电灯亮一下。这因为仅当开关开闭时才引起一次绕组中电流变化,才使贯穿二次绕组的磁通发生变化,才会靠互感作用在二次绕组中感应出电动势,互感作用如图 6.4 所示。

图 6.3(b)是一次绕组施加交流电压的情况,图 6.3(b)中交流电压大小和正负方向随时间而变化,故由此而生的磁通也随电压变化,这就在二

次绕组不断感应出电动势,使电灯一直发亮。

这样,在变压器一次绕组施加的电源电压,可传向二次绕组。

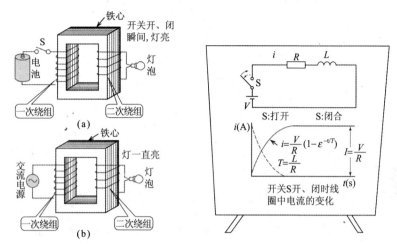

图 6.3 变压器的原理

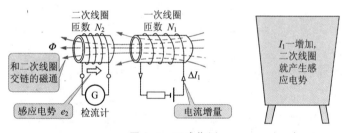

图 6.4 互感作用

6.1.3 根据匝数比变压

变压器的基本电路如图 6.5 所示,铁心中磁通 ϕ(Wb)(和 i_1 同相),若在 Δt(s)时间间隔内磁通变化 $\Delta\phi$(Wb),则根据与电磁感应有关的法拉第-楞次定律,在一次和二次绕组(匝数各为 N_1 和 N_2)感应的 e_1 和 e_2 都为阻止磁通变化的方向,如下式所示:

$$e_1 = -N_1 \frac{\Delta\phi}{\Delta t} \text{ (V)}$$

$$e_2 = -N_2 \frac{\Delta\phi}{\Delta t} \text{ (V)}$$

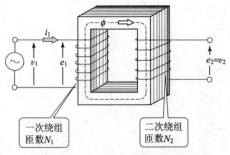

图 6.5 变压器的基本电路

加于一次绕组的电压 v_1 和一次绕组的感应电动势(一次感应电动势)e_1 间的关系如下式所示:

$$v_1 = -e_1 = N_1 \frac{\Delta\phi}{\Delta t} \text{ (V)}$$

出现在二次绕组的端电压 v_2 和二次绕组的感应电动势 e_2 相同,表示为

$$v_2 = e_2 = -N_2 \frac{\Delta\phi}{\Delta t} \text{ (V)}$$

即 v_1 和 v_2 反相。

下面将 v_1 和 v_2 改用有效值 V_1 和 V_2 表示,V_1 与 V_2 之比如下式:

$$\frac{V_1}{V_2} = \frac{N_1 \dfrac{\Delta\phi}{\Delta t}}{N_2 \dfrac{\Delta\phi}{\Delta t}} = \frac{N_1}{N_2} = a$$

式中,a 等于一次侧匝数和二次侧匝数之比,故称 a 为匝数比。

设变压器没有损耗,认为二次侧输出的功率与一次侧输入的功率相等,如图 6.6 所示,那么将有如下关系:

$$P_1 = P_2$$
$$V_1 I_1 = V_2 I_2$$
$$\frac{V_1}{V_2} = \frac{I_2}{I_1} = \frac{N_1}{N_2} = a$$

式中,$\dfrac{V_1}{V_2}$ 称为变压比;$\dfrac{I_2}{I_1}$ 的倒数 $\dfrac{I_1}{I_2}$ 称为电流比。

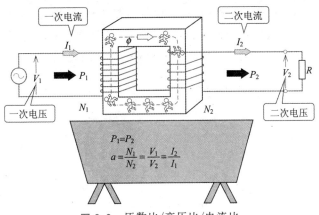

图 6.6　匝数比/变压比/电流比

6.2 变压器的结构

6.2.1　按铁心和绕组的配置分类

变压器基本由铁心和绕组组成,图 6.7 所示为变压器的铁心部分和绕组部分,图 6.8 所示为使用绝缘油的变压器的剖面图。按变压器铁心和绕组的配置来分类,可分为心式和壳式变压器两种。

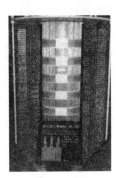

图 6.7　变压器的铁心和绕组

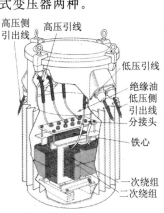

图 6.8　变压器剖面图

图 6.9(a)所示为心式铁心,结构特点是外侧露出绕组,而铁心在内侧,从绕组绝缘考虑,这种安置合适,故适用于高电压;图 6.9 所示(b)为壳式铁心,在铁心内侧安放绕组,从外侧看得见铁心,适用于低电压大电流场合。

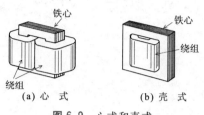

（a）心　式　　　（b）壳　式

图 6.9　心式和壳式

6.2.2　铁　心

变压器的铁心通常使用饱和磁通密度高、磁导率大、铁耗(涡流损耗和磁滞损耗)少的材料,如图 6.10 所示。

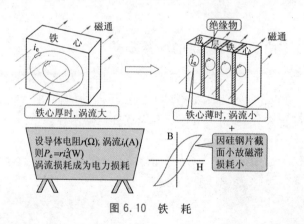

图 6.10　铁　耗

硅含有率为 4%～4.5%的 S 级硅钢片是广为应用的材料。厚度为 0.35mm,为了减少涡流损耗,必须一片一片地涂上绝缘漆,将这种硅钢片叠起来就成为铁心,称此为叠片铁心。图 6.11 示出了硅钢片铁心的装配过程。

将硅钢片进行特殊加工,使压延方向的磁导率大,这样处理后的硅钢片称为取向性硅钢片。沿压延方向通过磁通时,比普通硅钢片的铁耗小,磁导率也大。用取向性硅钢带做成的变压器如图 6.12 所示,是卷铁心结构,目的是使磁通和压延方向一致。卷铁心先整体用合成树脂胶合,再在两处切断,放入绕组后,再将铁心对接装好。图 6.13 所示为切成两半装好的卷铁心(又称对接铁心)。卷铁心通常用于如柱上变压器那样的中型变压器中。

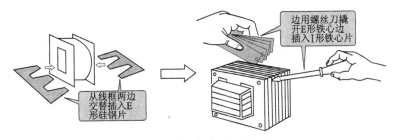

图 6.11　EⅠ(壳式)铁心的装配

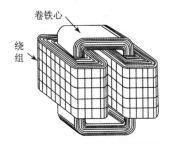

图 6.12　用取向性硅钢带制作
的卷铁心变压器

图 6.13　对接铁心

6.2.3　绕　组

绕组的导线用软铜线、圆铜线和方铜线,如图 6.14 所示。

(a) 绕组绕制方法

(b) 铜线

图 6.14　绕组绕制方法和铜线示例

图 6.15 所示为中型、大型变压器的绕组情况,有圆筒式和饼式绕法。一次绕组和二次绕组与铁心之间的绝缘层用牛皮纸、云母纸或硅橡带等。

6.2.4　外箱和套管

油浸变压器的外箱由于要安放铁心、绕组和绝缘物,故主要用软钢板焊接而成。

为了把电压引入变压器绕组,或从绕组引出电压,需将导线和外箱绝缘,为此要用瓷套管,如图 6.16 所示。高电压套管常用充油套管和电容型套管。

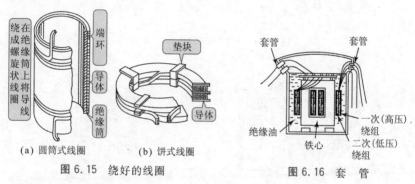

(a) 圆筒式线圈　　　(b) 饼式线圈

图 6.15　绕好的线圈　　　　　图 6.16　套　管

变压器的电压和电流

6.3.1　理想变压器的电压、电流和磁通

忽略了一次、二次绕组的电阻、漏磁通以及铁耗等后,变压器就可称为理想变压器,如图 6.17 所示,实际的变压器如图 6.18 所示。

如图 6.19 所示,一次绕组施加交流电压 v_1(V),二次绕组两端开放称为空载。图中一次绕组中有电流 i_0 流过,铁心中产生主磁通 ϕ,因而把 i_0 称为励磁电流。若忽略绕组电阻,则它只有感抗,故 i_0 及 ϕ 的相位滞后电源电压相位 $\pi/2$(rad)。另外,v_1 和一次、二次感应电动势 e_1,e_2 的相位关系是 $v_1=-e_1$,即为反相位,而 e_1 和 e_2 为同相位。以 e_1 为基准,它们的关系如图 6.19(b)所示,图 6.19(c)是向量图($\dot{V}_1,\dot{E}_1,\dot{E}_2,\dot{I}_0,\dot{\Phi}$ 为 v_1,e_1,e_2,i_0,ϕ 的向量)。

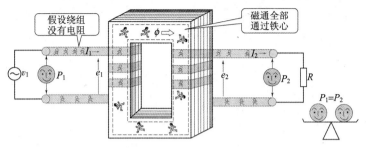

图 6.17 理想变压器

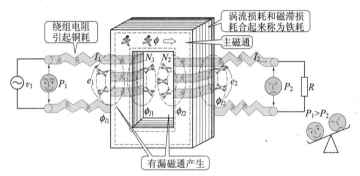

图 6.18 实际的变压器

一次侧施加的交流电压频率为 $f(Hz)$,铁心中磁通最大值若以 $\phi_m(Wb)$ 表示,则一次、二次感应电动势 e_1,e_2 的有效值 E_1,E_2 将如下式所示:

$$E_1 = 4.44 f N_1 \phi_m \quad (V)$$
$$E_2 = 4.44 f N_2 \phi_m \quad (V)$$

图 6.20 所示为二次绕组加上负荷,即变压器负荷状态(v_1,e_1,i_1,i_0 用向量 $\dot{V}_1,\dot{E}_1,\dot{I}_1,\dot{I}_0$ 表示)。

图 6.20 中二次绕组 N_2 中的负荷电流为

$$\dot{I}_2 = \frac{\dot{E}_2}{\dot{Z}}$$

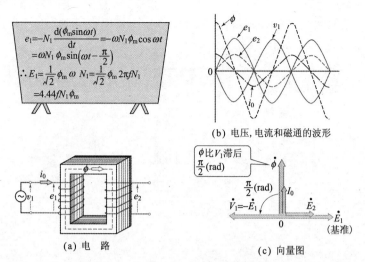

（b）电压，电流和磁通的波形

（a）电　路

ϕ比V_1滞后$\dfrac{\pi}{2}$(rad)

（c）向量图

图 6.19　空载时的电路、波形和向量图

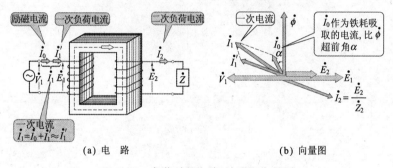

励磁电流　一次负荷电流　　二次负荷电流

一次电流　I_0作为铁耗吸取的电流，比ϕ超前角α

一次电流 $\dot{I}_1 = \dot{I}_0 + \dot{I}_1' \approx \dot{I}_1'$

（a）电　路　　　　　　　　　　（b）向量图

图 6.20　负荷时的电路、波形和向量图

　　由于$\dot{I}_2$的作用，二次绕组产生新的磁势 $N_2\dot{I}_2$，它有抵消主磁通的作用。为了使主磁通不被抵消，一次绕组将有新的电流流入，使一次绕组产生磁势 $N_1\dot{I}_1'$，$N_2\dot{I}_2 + N_1\dot{I}_1' = 0$，称$\dot{I}_1'$为一次负荷电流。

　　这样，有负载时一次全电流$\dot{I}_1$为

$$\dot{I}_1 = \dot{I}_1' + \dot{I}_0$$

图 6.20(b)用向量图表示了上述关系。

　　一般来说，二次负荷电流$\dot{I}_2$大时，励磁电流$\dot{I}_0$与$\dot{I}_1$相比小很多，只占百分之几，因此，可以认为一次电流$\dot{I}_1$和一次负荷电流$\dot{I}_1'$近似相等。

6.3.2 实际变压器有绕组电阻和漏磁通

实际变压器中,一次、二次绕组有电阻,铁心中有铁耗。另外,一次绕组电流产生的磁通,并不都全部交链二次绕组,而产生漏磁通 ϕ_{l1} 和 ϕ_{l2},如图 6.18 所示。

若实际变压器中,一次、二次绕组电阻为 r_1,r_2,则在 r_1,r_2 上的铜耗产生电压降。这里,ϕ_{l1} 只交链一次绕组,只在一次绕组中感应电动势,只在一次绕组中产生电压降。同样,ϕ_{l2} 只在二次绕组产生电压降。

因此,实际变压器可用一次、二次绕组,电阻 r_1,r_2 分别和一次漏电抗 x_1、二次漏电抗 x_2 相串联的电路来表示,如图 6.21(a)所示,图中 $\dot{V}'_1$ 称为励磁电压,且 $\dot{V}'_1 = -\dot{E}_1$。

图 6.21(b)表示该电路的电压电流关系的向量图。

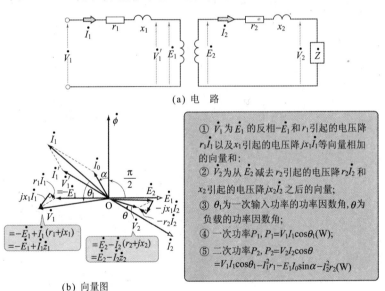

(a) 电 路

① $\dot{V}_1$ 为 $\dot{E}_1$ 的反相 $-\dot{E}_1$ 和 r_1 引起的电压降 $r_1\dot{I}_1$ 以及 x_1 引起的电压降 $jx_1\dot{I}_1$ 等向量相加的向量和;

② $\dot{V}_2$ 为从 $\dot{E}_2$ 减去 r_2 引起的电压降 $r_2\dot{I}_2$ 和 x_2 引起的电压降 $jx_2\dot{I}_2$ 之后的向量;

③ θ_1 为一次输入功率的功率因数角,θ 为负载的功率因数角;

④ 一次功率 P_1,$P_1 = V_1 I_1 \cos\theta_1$(W);

⑤ 二次功率 P_2,$P_2 = V_2 I_2 \cos\theta$
$= V_1 I_1 \cos\theta_1 - I_1^2 r_1 - E_1 I_0 \sin\alpha - I_2^2 r_2$(W)

(b) 向量图

图 6.21 实际变压器的电路和向量图

6.4 三相变压器

6.4.1 三相变压器的结构

用一台变压器进行三相电压电流变换的变压器称为三相变压器。在发、变电站等用大容量电力的地方使用,如图6.22所示。三相变压器的结构和单相变压器相同,有心式和壳式两种。

图6.22 三相变压器

1. 心 式

把三台心式单相变压器如图6.23(a)那样拼起来,在三个铁心柱上绕上各相的一次绕组和二次绕组。给一次绕组施加三相对称电压,各绕组间有 $120°$ 的相位差,产生 $\dot{\phi}_u,\dot{\phi}_v,\dot{\phi}_w$(Wb)对称的三相磁通。这时,铁心中间心柱①磁通为零。因此,把中间心柱去除也没有影响。这就成为图6.23(b)

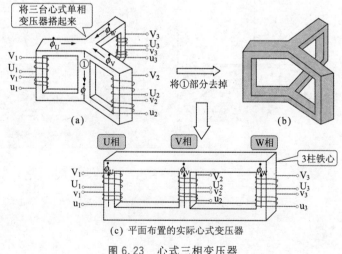

(c) 平面布置的实际心式变压器

图6.23 心式三相变压器

所示的样子。实际是如图6.23(c)所示的平面铁心结构,这称为三柱铁心。

2.壳 式

三相壳式是由三台单相壳式变压器排列起来的铁心结构,如图6.24所示。该图中央V相绕组的绕向应与其他两相绕向相反,其理由是为了使铁心①,②,③,④,⑤各磁路的磁通都相同。

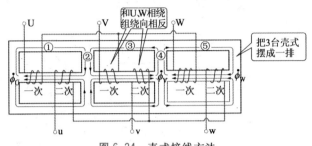

图6.24 壳式接线方法

6.4.2 三相变压器和三台单相变压器的比较

三相变压器和三台单相变压器的比较见表6.1。

表6.1 三相变压器和三台单相变压器的比较

三相变压器的优点	三台单相变压器的优点
① 铁心量少,重量减轻 ② 铁耗减少,效率好且接线容易 ③ 套管和油量少,价格便宜	① △-△连接的情况时一台故障后,另两台用V-V连接,故障变压器拆下修理 ② 备用设备费减少

6.5 自耦变压器和单相感应调压器

6.5.1 单绕组的自耦变压器

自耦变压器只有一个绕组,从这个绕组的一部分引出一个出线端,如图6.25(a)所示。该图中b-c间共有的绕组称为公共绕组,a-b间的绕组称为串联绕组。

图 6.25(b)是自耦变压器的工作原理图,该图说明了电压、电流、匝数等的关系。如果把公共绕组作为一次绕组,把串联绕组作为二次绕组,则自耦变压器就和普通变压器一样工作。变压器自身的功率称为自己功率 P_s,从二次端输出功率称为负荷功率 P_1。这样,自耦变压器的额定容量可用自己功率和负荷功率表示。

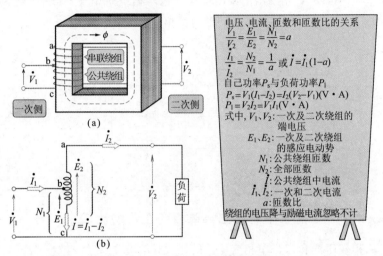

图 6.25　自耦变压器的结构和原理

自耦变压器用铜量少,故比较经济,另外,因为一次、二次侧绕组是公共的,故漏磁少,电压调整率小,效率也高。但缺点是低压侧必须用和高压侧相同的绝缘。自耦变压器多用于电力系统电压调整,还广泛作为滑动调节的自耦调压器、荧光灯升压变压器和交流电动机启动补偿器等。

6.5.2　单相感应调压器

图 6.26 示出了单相感应调压器的结构,图 6.27 示出了单相感应调整器的原理。在转子铁心上绕有一次绕组,定子铁心上绕有二次绕组。将一次绕组作为公共绕组,二次绕组作为串联绕组连接起来,依靠转动一次绕组可连续调整二次绕组感应电压的大小。

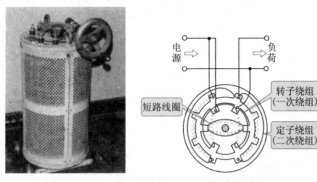

图 6.26 单相感应电压调整器及其结构

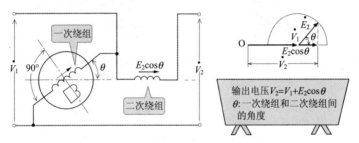

输出电压$V_2=V_1+E_2\cos\theta$
θ:一次绕组和二次绕组间
的角度

图 6.27 单相感应调整器的原理

测量用互感器

6.6.1 测量高电压、大电流的互感器

在输配电系统的高电压、大电流电路中,很难用一般的仪表直接测量电压和电流。因此,需要将其变成可以测量的低电压和小电流。用于这一目的的测量专用的特殊变压器称为测量用互感器,有电压互感器和电流互感器两种。

6.6.2 电压互感器

电压互感器是将高电压变成低电压的变压器,与一般电力变压器没有不同。但为了测量误差小,绕组电阻和漏电抗相对要小。图 6.28 所示是其外观图。油浸式用于高压,干式用于低压。电压互感器的接线如图 6.29 所示,一次侧接一般的电压指示表计。还应指出,电压互感器额定二次电压都统一为 110V,我国为 100V 或 $100/\sqrt{3}$ V。

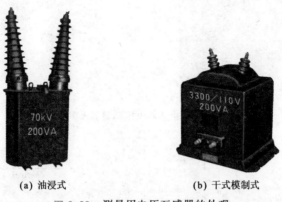

(a) 油浸式   (b) 干式模制式

图 6.28　测量用电压互感器的外观

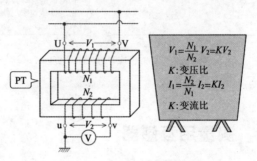

$$V_1 = \frac{N_1}{N_2} V_2 = KV_2$$

K:变压比

$$I_1 = \frac{N_2}{N_1} I_2 = KI_2$$

K:变流比

图 6.29　电压互感器的接线

6.6.3　电流互感器

电流互感器是将大电流变成小电流的变压器,为了使励磁电流小,铁损耗要小,故采用磁导率大的优质铁心。图 6.30 所示是其外观图。油浸式用于高压,干式用于低压电路。电流互感器的接线如图 6.31 所示,电流互感器的一次侧接测量电路,额定二次电流都统一为 5A。也应指出,一次侧若有电流时将二次侧开路,则绕组或仪表将烧坏。因此,电源切断后再使二次侧开路。

34.5kV

6.9kV
200/5A

(a) 油浸式电流互感器　　　　　(b) 棒状干式电流互感器

图 6.30　电流互感器的外观

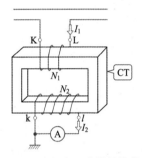

图 6.31　电流互感器的接线

第 7 章

半导体

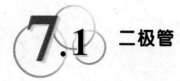
二极管

● 7.1.1　二极管的形状和电路符号

图 7.1 所示是用于电视机、收音机、电源装置等设备中的二极管。

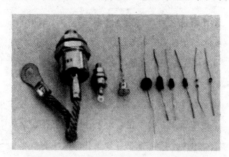

图 7.1　各种各样形状的二极管

二极管即意味着带有两个电极。一个称为阳极（A），另一个称为阴极（K），图 7.2 所示是二极管的电路符号。二极管具有单向导电性，箭头的方向表示电流易通过的方向。

另外，根据二极管的不同种类，如图 7.3 所示，可在二极管管体上用记号表示。二极管的特性如图 7.4 所示。

A ○————▷|————○ K

阳极（正极）　　　阴极（负极）

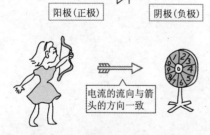

电流的流向与箭头的方向一致

图 7.2　二极管的极性和电路符号

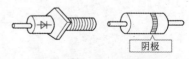

阴极

图 7.3　二极管的实物表示

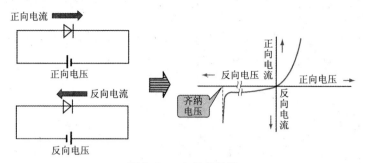

图 7.4　二极管的特性

7.1.2　二极管的结构和工作原理

　　PN 结型二极管是二极管的典型代表。它是在硅或锗的本征半导体结晶中掺杂,构造形成如图 7.5 所示的 P 型半导体区域和 N 型半导体区域,使它们互相有机地连接在一起。并且,将阳极和阴极这两个电极分别固定于 P 型区域和 N 型区域的两端。

　　这里,P 型区域与 N 型区域的交接面被称为交界面。

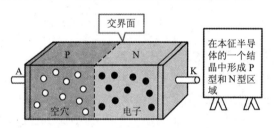

图 7.5　PN 结型二极管

1. 仅有 PN 结时的情况

　　PN 结一旦形成,如图 7.6 所示,在交界面附近 P 型区域的空穴向 N 型区域移动,而 N 型区域的电子向 P 型区域移动,这种状况与往水中滴入浓度高的墨水时,墨水慢慢地向四周水中扩散,最终完全与水混合的现象相似,称为扩散现象。

　　在交界面附近扩散的空穴与电子相遇复合消失,结果导致在交界面的附近形成没有载流子的区域,称这一区域为耗尽层。

　　一旦发生这样的扩散,则在 P 型区域,当空穴中和消失之后便产生负的电荷(负离子);而在 N 型区域,当失去电子之后便产生正的电荷(正离子）。

由于这些电荷产生了称为势垒的电位差,妨碍载流子的进一步扩散,因而阻止 PN 结整体的中和,如图 7.7 所示。

图 7.6　由扩散引起的空穴与电子的移动

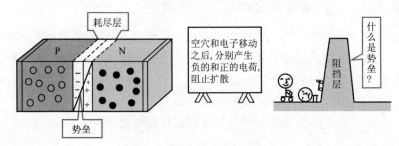

图 7.7　耗尽层和势垒的产生

2. 当 PN 结加上反向电压时的情况

如图 7.8(a)所示,若 P 型区域接电源负极,N 型区域接电源正极,则 P 型区域的空穴被负极吸引,N 型区域的电子被正极吸引。结果耗尽层增宽,势垒也变高。因此,由于载流子不能移动而无电流通过。这样的施加电压方式称为反向电压。图 7.8(b)所示是这种情况下的电路图。

3. 当 PN 结加上正向电压时的情况

如图 7.9(a)所示,若 P 型区域接电源正极,N 型区域接电源负极,则耗尽层变薄,并且势垒也变低。结果,穿越交界面,P 型区域的空穴向 N 型区域移动,N 型区域的电子向 P 型区域移动。因此,发生了载流子的移动而使电流流通。这样的施加电压方式称为正向电压,流过的电流称为正向电流。图 7.9(b)所示为其电路图。

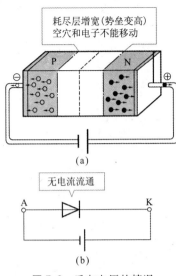

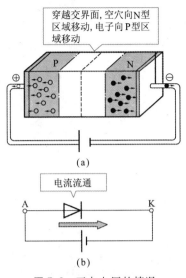

图 7.8 反向电压的情况　　**图 7.9 正向电压的情况**

4. PN 结型二极管的特性

　　根据对二极管所施加电压极性的不同,二极管中可以有电流通过或无电流通过,即二极管具有单向导电的整流作用,图 7.4 表示了这种特性。

　　这里,当反向电压不断增大时,就会发生在某点电流突然开始流通,并显著增加的现象,这种现象称为击穿现象,电流突然开始激增时的电压值称为击穿电压或齐纳电压。

7.2 特殊二极管和二极管的使用方法

7.2.1 特殊二极管

　　除了有利用单向导电性进行整流和检波的二极管之外,还有一些有特殊用途的二极管,如图 7.10 所示。

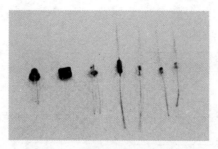

图 7.10 特殊用途的二极管

二极管的使用方法如图 7.11 所示,表 7.1 示出了二极管的正向/反向电阻。

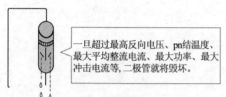

一旦超过最高反向电压、pn结温度、最大平均整流电流、最大功率、最大冲击电流等,二极管就将毁坏。

图 7.11 二极管的使用方法

表 7.1 正向/反向电阻

×100Ω 种 类	正 向	反 向
硅	约 1kΩ	∞Ω
锗	约 500Ω	约 1MΩ

1. 稳压二极管

稳压二极管也称为齐纳二极管,它利用当反向电压逐步增大到一定数值时反向电流激增的齐纳现象,是使用反向电流工作的元件,如图 7.12 所示。

在发生齐纳现象的范围内,即使流过二极管的电流变化很大,二极管两端的电压也保持一定值。图 7.13 示出了稳压二极管的特性,在使用 RD-5A 型稳压二极管的情况下,尽管电流在 5～45mA 之间变化,但是二

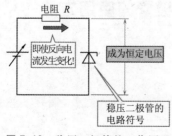

图 7.12 稳压二极管的工作原理

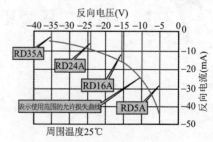

图 7.13 稳压二极管的特性

极管两端的电压基本上保持 5V。稳压二极管通常使用在要求输出电压变化极小的稳压电源装置中。

2. 变容二极管

变容二极管也叫可变电容二极管,是利用 PN 结交界面附近生成的耗尽层而制成的器件。如图 7.14 所示,由于两边的正负电荷使耗尽层处于一种带有静电电容的状态。因此,若反向电压变大,则耗尽层的幅度变宽,静电电容变小,变容二极管的特性如图 7.15 所示。变容二极管被应用于无线话筒和电视机的高频头电路等方面。

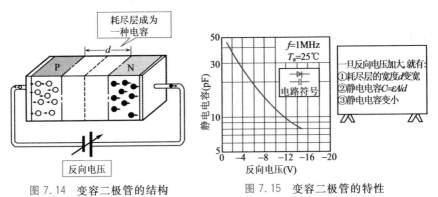

图 7.14 变容二极管的结构   图 7.15 变容二极管的特性

3. 发光二极管

发光二极管(LED)的材料主要局限于镓的化合物,由砷化镓(GaAs)和磷化镓(GaP)等作为原料形成 PN 结制成发光二极管。一旦有正向电流流过这个 PN 结,它就发出红、绿、黄等颜色的光。如图 7.16 所示,空穴和电子相互进入对方的区域,用冲撞时产生的能量发光。当然,相撞的空穴与电子中和消失了,但 P 型区域中的空穴和 N 型区域中的电子分别以只与中和消失的空穴电子相同的数目不断地产生出来,因而使发光可持续进行。发光二极管仅用极小的功率,便可获得鲜艳的光辉,另外,因为能够快速亮灭,所以除了用作显示灯外,对于使用光纤作为传输线路的光通信,它还可当发光源使用。图 7.17 示出了用发光二极管进行数字表示。

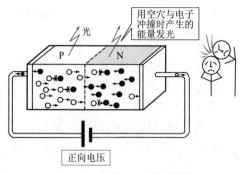

用空穴与电子冲撞时产生的能量发光

光

P　　　N

正向电压

图7.16　发光二极管的结构

发光二极管

12.345

图7.17　数字的表示

◎ 7.2.2 二极管的使用方法

1. 二极管的最大额定值

不能对二极管施加超过额定值的反向电压等,生产厂家都会将其生产的二极管的最大额定值表示出来。

表7.2所示的是1S1855的最大额定值,使用时必须注意不能超过各项目所对应的数值。

表7.2　1S1855的最大额定值

项　目	内　容	数　值
最大反向电压及最大直流反向电压	反向电压的最大值	100V
最大平均整流电流	在电阻负载的半波整流电路中能够取出的平均整流电流的最大值	1A
最大冲击电流	流过二极管的瞬间最大电流	60A
交界面温度	pn结的温度	$-40 \sim 150℃$

2. 用万用表判定二极管的好坏

二极管的好坏可以用万用表简单地测量出来。当万用表作为电阻表使用时,由于内部的电池是按图7.18所示的方式连接的,所以万用表表面的正端被加上负电压,负端被加上正电压。

因此,当测定正向电阻时,二极管的接线如图7.18中实线所示,而测定反向电阻时,二极管的接线如图7.18虚线所示。

另外,硅二极管和锗二极管的电阻,若采用表7.2的数值,则正向和反向电阻的差越大越好。

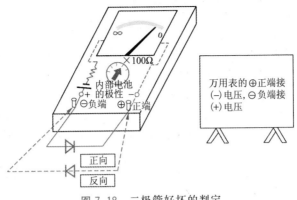

图 7.18 二极管好坏的判定

 晶体三极管

7.3.1 晶体三极管的形状和名称

晶体三极管有三只脚,有的金属壳相当于其中一只脚。如图 7.19 所示,对应于不同的用途,有各种各样形状的三极管。另外,晶体三极管的名称按图 7.20 所示那样决定。从晶体三极管的名称,我们可以了解其大致的用途和结构。

图 7.19 各种各样的晶体三极管

7.3.2 晶体三极管的结构和电路符号

晶体三极管按结构粗分有 NPN 型和 PNP 型两种类型,如图 7.21

所示。

NPN 型如图 7.21(a)所示,两端是 N 型半导体,中间是 P 型半导体。PNP 型如同图 7.21(b)所示,两端是 P 型半导体,中间是 N 型半导体。

在图 7.21(a)、图 7.21(b)中,被夹在中间的 P 型以及 N 型半导体部分,宽度只有数微米程度,非常薄,这一部分称为基区(B)。夹住基区的两个半导体中一个称为发射区(E),另一个称为集电区(C)。另外,发射区和集电区,例如,在 NPN 型的情况下,虽然发射区和集电区都是 N 型的,但发射区与集电区相比,具有杂质浓度高出数百倍,并且交界面面积小等在结构上的不同。

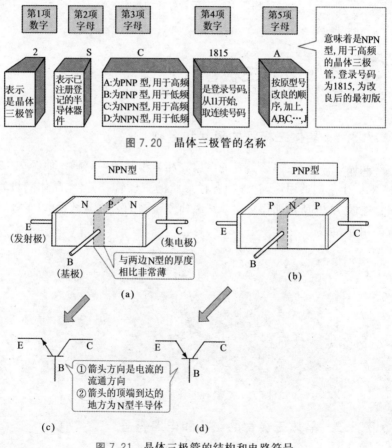

图 7.20 晶体三极管的名称

图 7.21 晶体三极管的结构和电路符号

图 7.21(c)、图 7.21(d)是 NPN 型以及 PNP 型晶体三极管的电路符号。发射极中电流的流向用箭头表示,当为 NPN 型时箭头向外,当为 PNP 型时箭头向内。

 晶体三极管的作用

● 7.4.1　给晶体三极管加上电压

1. 晶体三极管的工作原理

图 7.22 所示是通过在晶体三极管的基极 B、集电极 C、发射极 E 上施加电压,来观察电压和电流关系的电路。

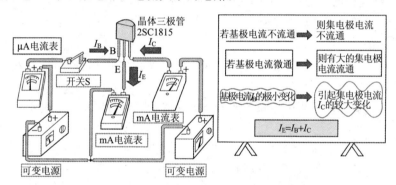

图 7.22　测定晶体三极管的电压/电流的连接图

① 基极电流 I_B 不流通时。在图 7.22 中,开关 S 一断开,基极开路,所以 I_B(基极电流)就不流通。这时只对晶体三极管的 C、E 间施加电压 V_{CE}(集电极电压),观察 I_C(集电极电流),I_E(发射极电流)的变化,结果如表 7.3 所示。

表 7.3

V_{CE}/V	$I_B/\mu A$	I_C/mA	I_E/mA
0~20	0	0	0

② 基极电流流通时。在图 7.22 中,开关 S 一闭合,B、E 间加有电

压,所以基极电流 I_B 流通。这时,对应于 V_{CE} 和 I_B 的变化,I_C 和 I_E 的变化如表 7.4 所示。

表 7.4

V_{CE}/V	$I_B/\mu A$	I_C/mA	I_E/mA
2	100	17	17.1
2	200	34	34.2
10	100	18.4	18.5

从表 7.3、表 7.4 的结果,可以看出晶体三极管具有以下的工作原理。

即使加有集电极电压,但在基极电流不流通时,集电极电流、发射极电流也都不流通,这样的状态称为晶体三极管的截止(OFF)状态。

加上集电极电压,由基极电流的微量流通,在集电极可获得大的电流流通,这样的状态称为晶体三极管的导通(ON)状态。

基极电流流通时,即使改变集电极电压的大小,集电极电流的大小也不变化。

使基极电流产生微小的变化,就可以使得集电极电流产生较大的变化。

基极电流与集电极电流之和变成发射极电流,因此,下面的关系式成立。

$$I_E = I_B + I_C$$

2. 晶体三极管的作用

基极电流 I_B、集电极电流 I_C,也分别称为输入电流和输出电流,输出电流与输入电流相比有一定的增大,此现象称为放大。

这里,I_C 与 I_B 的比称为直流电流放大倍数 h_{FE},如下式所示:

$$h_{FE} = \frac{I_C}{I_B}$$

晶体三极管的直流电流放大倍数的数值通常在 $50\sim1000$ 的范围内。因此,根据上述的第①、②条,晶体三极管具有在 ON,OFF 状态间转换的开关作用和放大作用,如图 7.23 所示。对晶体三极管施加电压的方法如图 7.24 所示。

图 7.23 晶体三极管的作用

（a）开关作用　　　　　（b）放大作用

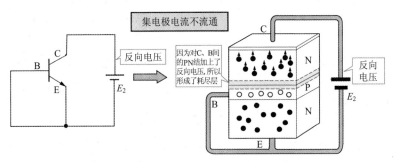

图 7.24 仅在 C、E 间加上反向电压的情况

7.4.2 晶体三极管中电子和空穴的运动

根据基极电流的有无,集电极中有无电流流通的原因在于晶体三极管中电子与空穴的运动。

1. 基极电流不流通时

如图 7.24 所示,由于在 C,B 之间加上了反向电压,所以在 C,B 的 PN 结中集电区域内的电子被 E_2 的正电压吸引。因此,产生了耗尽层,没有从集电极向发射极的电子和空穴的移动,因而无电流流通。

2. 基极电流流通时

如图 7.25 所示,由于在 B,E 之间加上了正电压,所以发射极区内的电子因 E_1 的负电压被排斥,与进入基区的空穴结合。因为由于结合消失的电子,从电源 E_1 的阴极得到补充,所以 B,E 之间有电流流通。

当发射区的电子流入基极时,由于基区极薄,作为结合对象的空穴很少,因此电子中的大部分穿过基区进入集电区,然后一边扩散一边被 E_2 的正电压吸引。

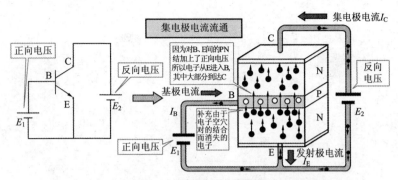

图 7.25 在 B,E 间加上正向电压,C,E 间加上反向电压的情况

　　像这样,发射区的电子借助于施加在基极的正电压的力量,可将多余的电子送往集电区,即可以有较大的集电极电流流通。

⬤ 7.4.3　晶体三极管电压的施加方法

　　到目前为止,我们叙述了有关 NPN 型晶体三极管的工作原理,对PNP 型若以空穴的运动为中心来考察的话,也是一样的。并且,为了使晶体三极管正常工作,若是 NPN 型管,则如图 7.26(a)那样,若是 PNP型管则如图 7.26(b)那样,分别在 B,E 间加上正电压,在 C,E 间加上反向电压,即加上与发射极的箭头方向一致的两个电压。

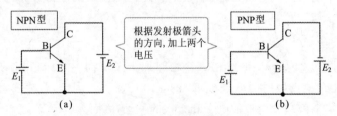

图 7.26　对晶体三极管施加电压的方法

7.5　晶体三极管的使用方法

⬤ 7.5.1　遵守最大极限值

　　晶体三极管使用时与二极管一样,对于电压、电流、功率、温度等都有

最大极限值,因为即使是瞬间超过所规定的最大极限值,三极管也立即毁坏,所以使用时必须十分注意。晶体三极管的最大极限值有如下的一些参数,见表7.5。

表 7.5　**晶体三极管最大极限值**(2SC1815,T_a=25℃)

项　　目	符　　号	极限值	单　位
集电极-基极之间电压	V_{CBO}	60	V
集电极-发射极之间电压	V_{CEO}	50	V
发射极-基极之间电压	V_{EBO}	5	V
集电极电流	I_C	150	mA
基极电流	I_B	50	mA
集电极功耗	P_C	400	mW
pn 结温度	T_j	125	℃

1. 集电极-基极间电压 V_{CBO}

如图 7.27(a)所示,发射极开路,集电极-基极间的电压不断加大,则晶体三极管发生毁坏式的雪崩现象,集电极电流 I_C 突然流出,如图 7.27(b)所示。这时的电压称为 V_{CBO}。V_{CBO} 的值越高越好,选择晶体三极管时,最好选择 V_{CBO} 大约为所使用电源电压的两倍的管子。另外,图 7.27(c)表示的是 PNP 型的情况。

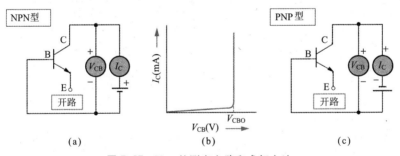

图 7.27　V_{CBO} 的测定电路和求解方法

2. 集电极-发射极间电压 V_{CEO}

V_{CEO} 是基极开路时集电极-发射极间的电压,与 V_{CBO} 的情况一样,是集电极电流突然流出时所对应的电压,即 V_{CEO} 表示集电极-发射极间的耐压,通常与 V_{CBO} 相等,或较其还要小。

3. 发射极-基极间电压 V_{EBO}

V_{EBO} 是集电极开路时发射极-基极间的电压,是发射极电流突然流出时所对应的电压。即若将发射极-基极间作为 PN 结型二极管考虑,则 V_{EBO} 就相当于二极管的反向耐压,表示发射极-基极间的耐压。

4. 最大允许集电极电流 I_C

I_C 是能够流过集电极的最大直流电流,又是交流电流的平均值。在选择晶体三极管时,最好选用额定值大约为通常使用状态下最大电流的两倍以上的管子。特别是功率晶体三极管,绝不允许瞬间最大电流超过额定值。

5. 最大允许集电极耗散功率 P_C

P_C 是集电极-发射极间消耗的功率,为集电极电流 I_C 与集电极-发射极间电压 V_{CE} 的乘积,将 $P_C = I_C V_{CE}$ 称为集电极耗散功率。由于集电极的耗散功率在集电极的 PN 结内转换为热,导致晶体三极管内部温度上升,会烧坏管子,如图 7.28 所示。

这里,有关 P_C 必须注意的问题是,即使 P_C 在额定值以内,I_C 和 V_{CE} 也不能超过其各自的额定值。例如,图 7.29 所示为晶体三极管 2SC1815 的情况,虚线表示 P_C 和 I_C,V_{CE} 的最大极限,使用时绝不能采用超出虚线部分的值。

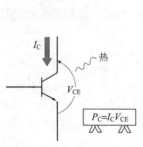

图 7.28　集电极耗散功率

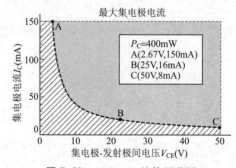

图 7.29　2SC1815 的使用范围

集电极的功耗还与周围温度 T_a 有关,即晶体三极管自身一被加热,周围的温度就上升,而周围温度上升,也会导致集电极电流增加,晶体三极管则变得更热。如此反复地恶性循环称为热击穿,最终导致管子毁坏,如图 7.30 所示。因此,特别是对于功率三极管,散热板使用铝板和铁板制成。

到目前为止讨论的周围温度通常为 25℃,在小型晶体三极管的场合,不需要散热板。

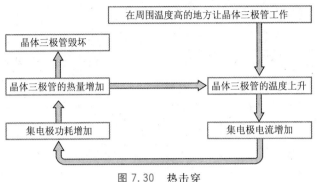

图 7.30 热击穿

但是,周围温度一旦变为 25℃ 以上,散热效果就变差,晶体三极管所能允许的集电极功耗的值如图 7.31 所示变得小了。因此,小型晶体三极管的场合,最好选择晶体三极管的电源电压和使用时集电极电流的乘积在最大允许集电极功耗的一半以下。

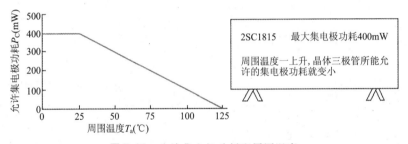

图 7.31 允许集电极功耗和周围温度

6. 结温 T_j

T_j 是能够使晶体三极管正常工作的最大结温。通常,锗管为 $75 \sim 85℃$,硅管为 $125 \sim 175℃$。

7.5.2 晶体三极管的电气特性

晶体三极管的电气特性表示三极管的性质,是三极管在最为有效的良好状态下工作的设计标准,见表 7.6。

1. 集电极截止电流 I_{CBO}

如图 7.32 所示,若在集电极-基极间加上反向电压,则集电极中流过极小的电流,这个电流称为集电极截止电流,该值越小的晶体三极管越好,但随着温度的上升和条件恶化,该值会变大。

表7.6 **2SC1815 的电气特性**(周围温度 $T_a = 25℃$)

项 目	记 号	条 件	最 小	标 准	最 大	单 位
集电极截止电流	I_{CBO}	$V_{CB}=60V, I_E=0$	—	—	0.1	μA
发射极截止电流	I_{EBO}	$V_{BE}=5V, I_C=0$	—	—	0.1	μA
直流电流放大系数	h_{FE}	$V_{CE}=6V, I_C=2mA$	120	—	240	
特征频率	f_T	$V_{CE}=10V, I_C=1mA$	80	—	—	MHz
集电结输出电容	C_{ob}	$V_{CB}=10V, I_E=0,$ $f=1MHz$	—	2.0	3.0	pF
噪声指数	N_F	$V_{CB}=6V, I_C=0.1mA$ $T=1kHz, R_g=10k\Omega$	—	1.0	1.0	dB

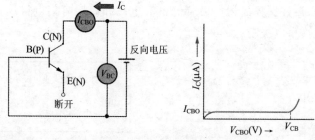

图7.32 I_{CBO} 的测定

2. 直流电流放大系数 h_{FE}

如前所述,在直流情况下对应于基极电流的变化,集电极电流变化的比率称为直流电流放大倍数。如果 h_{FE} 的值为 50 以上,就可实际应用,但如图 7.33 所示,由于受集电极电流和周围温度影响,h_{FE} 发生变化,所以规格表中记录的必定是测量值。

3. 特征频率 f_T

f_T 是交流电流放大倍数 h_{FE} 变为 1 时的频率,表征晶体三极管的高频特性,如图 7.34 所示。

4. 集电极输出电容 C_{ob}

C_{ob} 表示集电极和基极间的静电电容,该值大的晶体三极管,由于在高频时放大倍数下降,所以不适合用于高频。

5. 噪声指数 N_F

N_F 是输出信号和输入信号中的噪声之比,越是对小信号进行放大的电路,越是要使用该值小的晶体三极管。

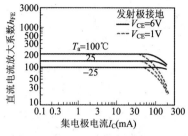

图 7.33 由集电极电流和周围温度引起的 h_{FE} 的变化

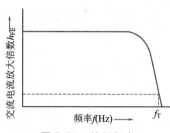

图 7.34 特征频率

● 7.5.3 用万用表检测晶体三极管

如图 7.35(a)、图 7.35(b)所示,可以将发射极与基极间看作为一个 PN 结二极管,基极与集电极间看作为另一个 PN 结二极管,这两个二极管为背靠背串联连接。

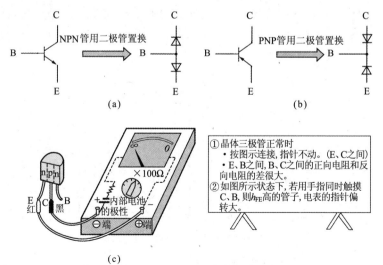

图 7.35 晶体三极管好坏的万用表测试判定法

因此,E,B 间及 B,C 间若没有短路,则三极管就是正常的,如图 7.35(c)所示。

7.6 晶体三极管的静态特性

我们虽然已经学习了有关晶体三极管的电压施加方法和管内电流的结构组成,但是在使用时还必须知道施加多大的电压会有多大的电流流通。这里,表征这一 V-A 特性的曲线就是晶体三极管的静态特性。

只要把晶体三极管插入示波器,晶体三极管的静态特性就能立刻在显像管上显示出来,也可以如图 7.36 所示,利用电压、电流表进行测定。同图 7.36,发射极是与基极和集电极及电源的公共连接点(称为共发射极电路),该电路用于测定 V_{BE},V_{CE} 两个电压和 I_B,I_C 两个电流。

因此,可以画出四条特性曲线,但由于 V_{CE}-V_{BE} 曲线几乎很少使用而常常省略,故主要使用下面三条曲线。

1. V_{BE}-I_B 特性曲线(输入特性)

保持 V_{CE} 不变时 V_{BE} 和 I_B 的关系,如图 7.37 所示。但是,因为该特性不大随 V_{CE} 而变,所以通常 V_{CE} 在数伏范围内均用一条特性曲线表示。

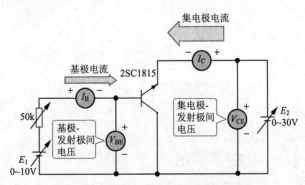

图 7.36　晶体三极管静态特性的测定电路

2. V_{CE}-I_C 特性曲线(输出特性)

保持 I_B 不变时 V_{CE} 和 I_C 的关系,如图 7.38 所示。

3. I_B-I_C 特性曲线

保持 V_{CE} 不变时 I_B 和 I_C 的关系。V_{CE} 与在 V_{BE}-I_B 特性曲线中的情况一样,相差数伏才绘制一条曲线,如图 7.39 所示。

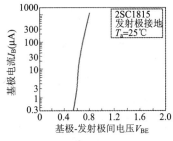

图 7.37　V_{BE}-I_B 特性曲线(输入特性)

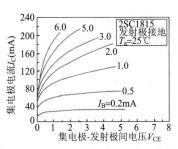

图 7.38　V_{CE}-I_C 特性曲线(输出特性)

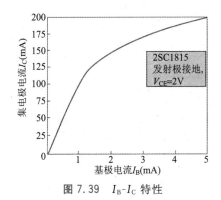

图 7.39　I_B-I_C 特性

第 8 章

电工常用工具

 普通工具

作为一个电工必须要熟悉专业工具的正确用法。一般来说,质量较高的工具,价位也都比较高,但是会给工作提高安全性。对于一些便宜、质量较低的工具材料,它们的部件设计常会给工具本身与操作者带来压力。每种工具都是为高效、安全地完成某种特定的任务而设计的,因此一定要选择并使用适合任务的工具。

● 8.1.1 螺丝刀

螺丝刀是用来松开或拧紧螺丝的工具。根据其头部形状的不同,可以将其分类,如图 8.1 所示。它用于大部分电气安装,以及维护操作中对各种扣件的加固。因此,作为一个电气业的工作人员,必须掌握各种大小、型号的螺丝刀的使用和保养方法。

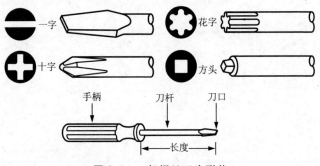

图 8.1 一般螺丝刀头形状

一字螺丝刀(标准螺丝刀)用于带有一字槽的螺丝。这种螺丝常用于开关的接线端、插座和灯座的安装。螺丝刀头在工作时要与扣件的槽相吻合,如图 8.2 所示,这样就可以保护刀头及螺槽,同时也可以防止操作者手受伤及刀头滑出螺槽划伤周边仪器。

十字螺丝刀用于带有十字槽的螺丝。十字的刀头不容易滑出螺槽,不会造成设备亮金属外层的划伤,所以它常用于户外电气装置的安装。

花字螺丝刀是特别为带花字槽的螺丝设计的。近几年,在汽车业的

产品组装中,花字螺丝刀的使用变得十分广泛。

　　方头螺丝刀(也称为罗伯逊或者六角头螺丝刀)用于带有正方凹槽的螺丝。这种类型的螺丝与螺丝刀头可以形成滑动配合,这样螺丝就可以很容易地拧入木制材料中。这种螺丝有时会用于在托梁上加固出线盒。

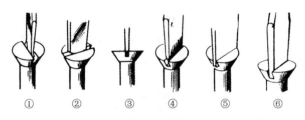

①对于螺槽这个刀头过窄,在有压力的操作中刀头有可能发生弯曲或破裂
②刀头过钝或螺丝刀是旧的。这样的刀头在操作压力下会脱离螺槽
③刀头过厚,它只会给螺槽带来损坏
④凿面的刀头也会在操作中滑出螺槽。最好扔掉它
⑤刀头与螺槽是合适的,但是它太宽了,当螺丝拧到位时,宽出的部分将会划伤木头表面
⑥合适的刀头。它与螺槽很紧密地吻合同时不会越出槽的两端

图 8.2　一字螺丝刀(标准)的正确与错误使用

图 8.3 列出了一些特殊类型的螺丝刀,包括以下三种:

① 偏置螺丝刀用于某些很难够得到的螺丝。

② 可吸螺丝的螺丝刀可以在工作环境较差的时候使用。使用时螺丝被吸在刀头上,直到操作完毕,这就为操作提供了很大的帮助。

③ 有防滑保护的带有握垫的螺丝刀。

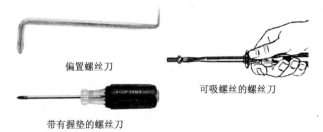

偏置螺丝刀

可吸螺丝的螺丝刀

带有握垫的螺丝刀

图 8.3　特殊类型螺丝刀

8.1.2　钳　子

当需要切断电线或给电线塑形,又或想要紧夹住某个物品时,就需要

钳子来提供帮助,常见的钳子如图8.4所示。

① 侧剪钳一般用于电线的啮合、翘曲和切割操作。

② 斜嘴钳是特别为切割电线设计的,用于近距离的切割工作,如清理接线板上的电线头。

③ 尖嘴钳用于电线线圈端与接线柱螺丝连接。

④ 弯嘴钳有一个可调关节,它可以用于啮合各种型号的物体。

⑤ 老虎钳设计的钳牙可以紧钳住物体。

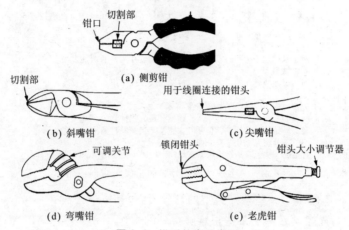

(a) 侧剪钳

(b) 斜嘴钳

(c) 尖嘴钳

(d) 弯嘴钳

(e) 老虎钳

图8.4 钳子的常见类型

8.1.3 锤 子

锤子一般用于钉钉子、起钉子,以及敲凿子和打孔器。锤子根据不同的锤头重量可分为很多种类,如图8.5所示。羊角锤是木质结构建筑工作中最常用的工具。锤子的平面可以用来钉普通的钉子和U形钉,而羊角形的锤头可用于起钉子。

(a) 羊角锤

(b) 圆头锤

图8.5 锤子的常见类型

圆头锤适用于猛烈敲击的操作。这样的敲击包括敲击冷凿的切割操作,在混凝土表面打孔或用力将扣件击入相应位置。

8.1.4 锯

锯一般用来切割部件。横剖锯一般用于切割木头,如图 8.6(a)所示;标准的弓形钢锯用于所有金属切割工作,如图 8.6(b)所示,以金属的型号和厚度来决定所需的锯齿数;铨孔锯或钢丝锯是一种精密的锯子,如图 8.6(c)所示,它一般用来在操作完成后的表面或在墙板上为出线盒锯孔。

8.1.5 定准器

定准器(冲子),如图 8.7 所示,用于标志钻口的正确位置,它可以精确地给钻孔器提供准确的钻点。

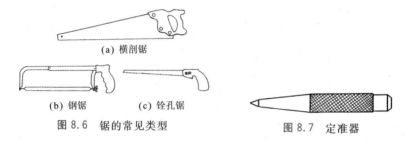

(a) 横剖锯

(b) 钢锯　　(c) 铨孔锯

图 8.6　锯的常见类型

图 8.7　定准器

8.1.6　扳　手

扳手用于安装和拆卸各种形状的扣件。常用的扳手有开口扳手、套口扳手、套筒扳手、活动扳手和管扳手,如图 8.8 所示。扳手在使用时必须使扳头与螺帽形状相符,否则会损坏螺帽及扳手。

开口扳手用于近距离操作。在每次转动后,可以将它转回以与螺帽的另一个面相配合。套扣扳手在使用过程中,是将扳头完全地套入螺帽或螺丝头再进行操作。套筒扳手可以快速地对上螺帽。这种扳手配有相应的手柄(例如,棘轮手柄),它使操作变得更加快速和简单。当遇到一些奇怪形状的螺帽时,使用活动扳手将使操作变得十分便利。在使用活动手柄时,拉力要永远施加在手柄侧端的固定卡抓上。管扳手用于抓住并转动一些大的管子或管道。管扳手的类型包括直型、弯型、带型以及链型。

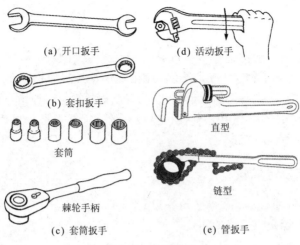

(a) 开口扳手

(d) 活动扳手

(b) 套扣扳手

套筒

直型

棘轮手柄

链型

(c) 套筒扳手

(e) 管扳手

图 8.8　常见扳手

8.1.7　螺帽起子

除了一个与螺丝刀相似的手柄,螺帽起子与套筒扳手部件十分相似,如图 8.9 所示。起子的套筒用于为电子或电气仪器上的螺帽进行加紧或拆卸操作。大部分螺帽起子的杆是空的,这样它们就可以进行螺帽与长螺钉的加紧或拆卸操作。

8.1.8　艾伦内六角扳手

用一个固定螺丝将一些带有六角插座的转头和控制手柄固定在一起,称为艾伦内六角扳手(有时也叫艾伦扳手),如图 8.10 所示。用于加紧或拆卸相应类型的固定螺丝。

图 8.9　螺帽起子

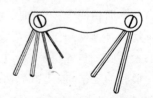

图 8.10　艾伦内六角扳手

8.1.9 绝缘层剥离设备

电线与电缆的加工需要首先将绝缘层去除。绝缘层剥离设备如图8.11所示。剥皮钳用于去除直径较小电线的绝缘外层;刮刀则用于去除电缆或直径较大电线的绝缘外层;电缆绝缘剥离器用于去除非金属绝缘保护层电缆的绝缘保护层。

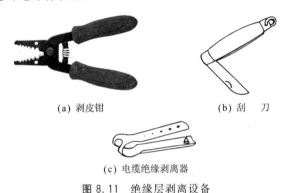

(a) 剥皮钳　　　　　　(b) 刮　刀

(c) 电缆绝缘剥离器

图 8.11　绝缘层剥离设备

通过以上操作将电线切好并剥去绝缘层后,就可以使用终端线夹了。通过操作终端线夹制作插头可以将电线方便地连接到设备上,或从设备上移除。图 8.12 中给出了绝缘弯曲终端线夹及电线卷边工具的类型。

图 8.12　绝缘弯曲终端线夹及电线卷边工具

8.1.10 锉

金属锉与木锉都是电工常用工具,如图 8.13 所示。金属锉用于去除由于切割或打孔造成的明显金属

图 8.13　锉

毛边。木锉则用于将插座盒装配到已加工好的墙面上。金属锉一般带有细小的锉齿,而木锉则带有较大且深的锉齿。

8.1.11 凿 子

有两种凿子非常有用。冷凿如图 8.14(a)所示,用于加工金属材料;木凿用软金属制成,如图 8.14(b)所示,用于加工木制材料。冷凿的蘑菇状头需要被锉平,因为它会引起危险。

8.1.12 夹片带

夹片带和卷轴,如图 8.15 所示,用于将电线从隔墙或线管中拉出或放入,由金属或塑料制成。

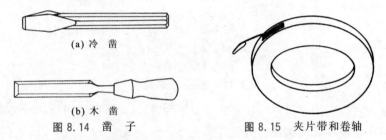

(a) 冷 凿

(b) 木 凿

图 8.14 凿 子

图 8.15 夹片带和卷轴

8.1.13 测量工具

主要的测量工具有卷尺和直尺,如图 8.16 所示。钢制卷尺用于快速测量尺寸。用钢制卷尺对通电仪器进行测量时必须要注意安全。在不导电的木制折尺上有一个枢轴,这样它就可以随意打开至需要的长度,如图 8.16(b)所示。

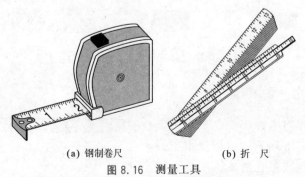

(a) 钢制卷尺

(b) 折 尺

图 8.16 测量工具

8.1.14 电 钻

电钻用于在木头、金属和混凝土上打孔,如图 8.17 所示。电钻的型号决定于钻夹头大小及电动机的动力大小。钻夹头是电钻的一个组成装置,它用于夹住螺旋状的钻头。一个 3/8 in 的钻可以安装直径在 3/8 in 以下的各个型号的钻头。便携两用电池型电钻是一种很受欢迎的工具。旋转式风钻用于在混凝土上钻孔。

钻头的型号取决于想要打的孔的大小、深度以及孔所在的材质,如图 8.17所示。电钻上的螺旋钻头用于在木头上钻孔。麻花钻头用于在木头和金属上钻孔。麻花钻头由碳素工具钢或高速钢制成,其中,高速钻头比较昂贵,它可以承受高温,故用于在坚硬的材料上钻孔。硬质合金石工钻头用于在混凝土和石工材料上钻孔。电动螺丝刀使用一种特别的螺丝刀头可用来安装与拆卸螺丝。

8.1.15 焊接工具

焊枪是普通焊接中的一种常用工具,如图 8.18(a)所示;焊笔常用于电路板的焊接工作,如图 8.18(b)所示。

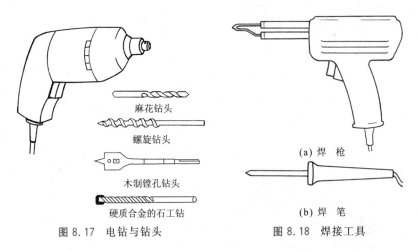

麻花钻头

螺旋钻头

木制镗孔钻头

硬质合金的石工钻

图 8.17 电钻与钻头

(a) 焊 枪

(b) 焊 笔

图 8.18 焊接工具

根据焊头的不同精度可将其分为多个种类,孔锯和打孔器可在电器外壳上打口,用来安装导管,如图 8.19 所示。水准仪用来对外壳和导管的延伸及弯曲进行水平测量,如图 8.20 所示。电缆切割器可对直径较大的电缆进行切割操作,如图 8.21 所示。对于合适的手柄及切割头,这种切割器的操作十分轻松,并且切割得十分干净。

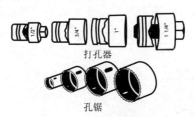

打孔器

孔锯

图 8.19 孔锯与打孔器

图 8.20 水准仪

图 8.21 电缆切割器

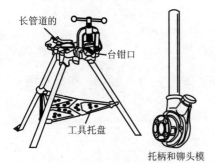

长管道的

台钳口

工具托盘

托柄和铆头模

图 8.22 手动螺纹车钳和台钳

手动螺纹车钳和台钳用来为硬质线管车螺纹,如图 8.22 所示,在工地的许多地方都可以找到这种工具;电动螺纹铣床用来在硬质管道的特定地方车螺纹,如图 8.23 所示;铰刀用来为硬质管道清理毛刺或从硬质管道中移除毛边,如图 8.24 所示。

弯管机用来将硬质管道弯曲成各种形状,如图 8.25 所示;螺丝模与

图 8.23 电动螺纹铣床

图 8.24 铰 刀

成套铆头模用来为控制面板装配、螺钉、螺母和钢杆车螺纹，如图 8.26 所示；电动电线拉出器用来将大的电缆和电线拉入位置，如图 8.27 所示。

手动弯管机

液压弯管机

图 8.25 弯管机

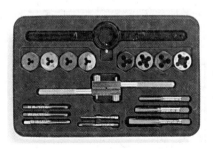

图 8.26 螺丝模与成套铆头模

图 8.27 电动电线拉出器

8.2　工具的分组及使用

为了保证高效率作业,工具在需要的时候必须马上能拿到。所有工具可以通过使用地点和使用频率进行分组。一个可随身携带的皮质工具袋能够保证在安装与维修仪器时可随手拿到工具。如果是在维修台使用的工具,那么用配挂板来安置工具可能更为恰当。当工具既要在维修台使用,又要在施工现场使用时,最好的选择是手提式工具箱、手提式工具包或工具桶,如图 8.28 所示。

工具袋　　　　　　　　　工具包　　　　　　　手提式工具箱

图 8.28　工具储藏用具

评价一位工人是否是很好的技术工人,一般根据他/她的工具质量与工具自身状况就能得出结论。质量好的工具操作得当,保持时间也很长。注意以下几点,可以使工具保持良好的工作状态。

① 保持工具的洁净,并及时上油。

② 准备合适的工具储藏用具。

③ 工作中正确选择工具。

④ 工作中选择恰当的工具型号。

⑤ 保证钻、螺旋钻头和锯条的锋利。

⑥ 替换变钝的钢锯条。

⑦ 绝不要使用手柄不稳固的锉。

⑧ 更换锤头松弛的锤子。

⑨ 尖嘴钳只能用于加工细小的电线,如果随便使用,将会造成钳头

破裂或弯曲。

⑩ 不能用钳子对螺帽进行操作,这样会损坏钳子与螺帽。

⑪ 不要将钳子暴露在过高温度下,这样会减弱它的韧度和硬度,从而造成工具的毁坏。

⑫ 绝不要把钳子当做锤子用,也不要把锤子当做钳子用。

⑬ 当螺丝刀的刀口对于螺槽过大或过小时,不要使用。

⑭ 绝不要把螺丝刀当做撬杆或冷凿使用。

⑮ 保持焊枪及焊头洁净。

⑯ 在任何可能的情况下,使用扳手拉比推好。

⑰ 不要拿锤柄当做起子使用。

⑱ 在使用活动扳手时,始终要保证扳手大小完全胜任工作。如果使用的扳手过小将使活动颚破裂。

⑲ 在更换钢锯条时,保证安装锯条时将锯齿倾斜于手柄。

⑳ 一般塑胶把手只是为了拿起来比较舒适而并非电绝缘处理。只有经过非传导性绝缘材料处理过且标有绝缘标志的工具才是绝缘工具。

8.3　扣件器件

扣件设备有多种形式,它们用于支撑电气/电子组件及仪器。当零配件无需拆卸时,就使用永久性固件对其进行固定。永久性固定包括焊接、用钉子钉牢、用胶黏合及铆接。当固定部分将要在今后的某个时间进行拆卸,就需要使用临时性固件。临时性固件包括螺丝、螺钉、栓及销子。对于一些特定的工作,为了拥有更高更安全的工作质量与环境,扣件的使用是十分关键的,这其中包括选择所要使用扣件的正确类型与大小和正确地安装扣件。

8.3.1　螺钉扣

机械螺丝与螺帽主要用于金属配件与其他材料的连接,如图 8.29 所示。根据工作要求的不同支撑力量及压力,有多种厚度及螺距的螺丝与螺帽可供选择。粗牙螺纹螺丝的安装速度很快,因为在上紧螺帽时,每旋转一圈螺帽会前进很大的距离。而细牙螺纹螺丝则需要拧很多次螺帽才可以达到紧固的效果,但是它可以使连接表面达到完美的压合效果。

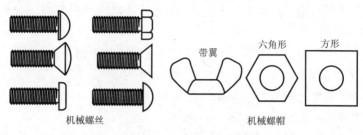

机械螺丝　　　　　　　　　机械螺帽

图 8.29　机械螺丝与螺帽

大多数与螺丝搭配使用的螺帽都是六角形螺帽或方形螺帽。使用带翼的螺帽是为了在不用扳手的情况下快速拆卸和上紧扣件。

用于制造业的扣件有许多不同的螺纹样式。各种螺纹的扣件是根据已制定的工业统一标准制造的,根据不同的操作选项可选择相应的螺纹样式扣件。最常用的螺纹标准就是"统一标准",有时也称为美国标准。统一标准确定了以下三个螺纹系列:

① 统一标准中的粗牙螺纹系列 UNC/UNRC 是最常用的一种螺纹体系,它应用于大多数的螺丝、螺钉及螺帽中。粗牙螺纹标准用来制造低强度材料的螺钉,其中,低强度材料包括铸铁、低碳钢、软铜合金、铝等材料。粗牙螺纹系列还可以用来做快速安装及拆卸的螺钉。

② 统一标准中的细牙螺纹系列 UNF/UNRF 被用于要求比粗牙螺纹系列具有更高抗张强度的应用中,并且适用于较薄的墙壁。

③ 统一标准中的超细牙螺纹系列 UNEF/UNREF 适用于当啮合长度比使用细牙螺纹系列的啮合小时。同时,所有使用细牙螺纹系列的应用都可以使用超细牙螺纹系列。

统一标准还确定了不同的螺纹等级。不同的螺纹等级有不同的配合公差及加工余量。1A,2A,3A 等级一般应用于外螺纹;1B,2B,3B 等级一般应用于内螺纹。3A 及 3B 等级可以提供最小的配合公差间隙,1A 及 1B 等级则有最大的配合公差间隙。图 8.30 中示出了扣件中如何标识螺丝螺纹。

如图 8.31 所示,标准平垫圈固定在螺帽或螺钉上提供了更大表面。平垫圈使扣件以一个较大的面积接触材料,这样可以防止扣件与材料表面紧连,造成材料表面的划伤等问题。锁紧垫圈用来防止螺丝与螺帽松开。

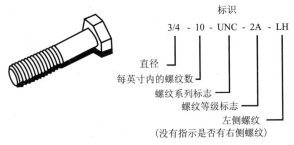

图 8.30 扣件的螺丝螺纹标志

如图 8.32 所示,螺纹成型的自攻螺钉,也称为金属片螺钉,在连接金属与金属的操作中使两者完美地结合,并提供较快的安装速度。当拧入材料时,自攻螺钉会自己车出螺纹。这样,就不需要在安装螺钉前先在装配孔车出螺纹,只需要打出一个大小合适的装配孔就可以了。另外,一些自攻螺钉可以自己完成钻孔,这样就省去了钻孔与定位零件的工序。

(a) 标准平垫圈　　(b) 锁紧垫圈

图 8.31 垫 圈

图 8.32 自攻螺钉

自攻螺钉主要用于小型量规的金属部件的固定和组合。

如图 8.33 所示,木螺钉有多种不同长度和直径的型号。对于木质结构的盒子与面板外壳,当钉子的强度不能满足需求时,往往采用木螺钉。木螺钉的长度,是指它从头至尾的长度。用 0～24 的标号标出木螺钉的直径。木螺钉的标号数越大,它的直径

图 8.33 木螺钉

就越大。在选择木螺钉的长度时,一个很好的方法是,需要嵌入部分的长度是我们所选定长度的 2/3。

8.3.2　石材扣件

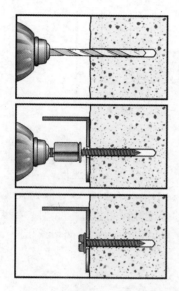

图 8.34　混凝土/石材螺钉

由于目前石料的使用十分广泛(混凝土和砖),因此在安装电气设备时经常碰到要在石料表面进行加固的操作。如图 8.34 所示,混凝土/石材螺钉用于在不使用支撑物的情况下将设备固定在混凝土、石块或砖块上。混凝土/石材螺钉的设计使它可以在混凝土、石块或砖块上事先打好的孔中自己攻出螺纹。可以直接拧入到事先打好的装配孔中的螺钉,一定要有螺钉制造商标明的螺钉直径与长度。当把螺钉拧入混凝土中时,螺钉上的螺纹嵌入墙中孔的两侧,然后与摩擦出的螺纹紧密咬合在一起。

机械锚栓用于当扣件单独使用并有一种拔出的趋势存在时,保护各种材料的扣件不会松动脱离位置。无论怎样的锚栓设计,各种锚栓的工作原理都是相同的。锻模斜度有一层外表面,上面有许多齿因此比较粗糙。当锚栓插入相应的钻孔中时,粗糙的表面加大了锚栓与钻孔内壁的摩擦。锻模斜度的内表面有一定的锥度,这个锥度与相应的膨胀塞锥度相符。

单步楔式锚栓可通过装配孔被安装在要固定的组件上。这是因为锚栓与它要被安装的钻孔两者的直径相同。单步楔式锚栓的类型包括楔

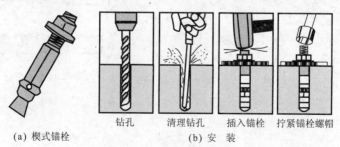

(a) 楔式锚栓

钻孔　　清理钻孔　　插入锚栓　　拧紧锚栓螺帽

(b) 安　装

图 8.35　楔式锚栓的安装

式、钮式、套式、螺形式及钉式。图 8.35(b)示出了广泛使用的重型单步楔式锚栓的安装过程。楔式锚栓由螺帽及垫圈组成。钻孔的实际深度并不重要,只要不浅于制造商推荐的最小深度就可以了。当钻好孔后,应马上将孔内的残料及其他物质清理出去,因为正确的安装必须在干净的钻孔内实施。然后将锚栓敲入孔中,保证进入一定的深度至少有 6 道螺纹能够拧入到组件表面下。最后,拧紧锚栓螺帽以膨胀锚栓,并将锚栓固定在钻孔的组件上。

方头螺钉及套管常用于在石料上固定重型仪器,如图 8.36 所示。方头套管主要作为一个引导管,它在纵向分离钻孔但最后还是与钻孔的底部相接。套管一般放置在石料上事先钻好的装配孔内。当将一个方头螺钉旋入套管中时,套管会在钻孔中膨胀从而牢固固定螺钉。选择合适的螺钉长度十分重要,长度合适的螺钉能使套管膨胀到最佳状态。方头螺钉的长度应等于需要固定的机件厚度加上套管的长度。同时,在石料中的钻孔深度要比套管长度长 1/2 in。

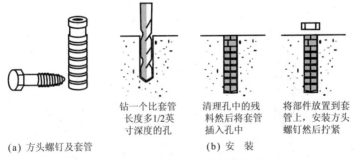

钻一个比套管长度多1/2英寸深度的孔　　清理孔中的残料然后将套管插入孔中　　将部件放置到套管上,安装方头螺钉然后拧紧

(a) 方头螺钉及套管　　　　　　(b) 安　装

图 8.36　方头螺钉及套管的安装

螺钉锚栓是一种轻型锚栓,用于安装与支撑材料表面平齐的装配,根据锚栓类型它们可用木制或金属片螺钉连接。螺钉锚栓的常见类型是尼龙和塑料制的锚栓。螺钉锚栓是一个套管,当螺钉插入并拧紧时,锚栓就会膨胀。这种锚栓可以用于所有类型的支撑材料,包括混凝土和石膏干砌墙。一些螺钉锚栓为了可以用于较薄的墙和空心材料,还带有防扭转法兰。图 8.37 中示出了典型的螺钉锚栓安装过程。

自攻锚栓,如图 8.38 所示,用于石料加工,配有卡套,最初它作为一种钻头使用,后来才独立出来成为一种膨胀锚栓。自攻锚栓的安装需要一个有专用夹头的轮转锤子,这种锤子的轧头可以紧抓住锚栓杆上部的锥头。为了避免锚栓在安装时被埋入孔里，在钻孔的过程中要不断对钻孔进行清理。当钻孔完成好以后，将锚栓拿出来，然后把一个外用塞子插入锚栓的膨胀末端中。完成以上步骤后，将锚栓再一次插入孔中，用锤子和安装工具完成安装。一旦安装完毕，将上部的锥头从断层点敲掉，然后用大小合适的螺钉将相应的部件连接到锚栓上。

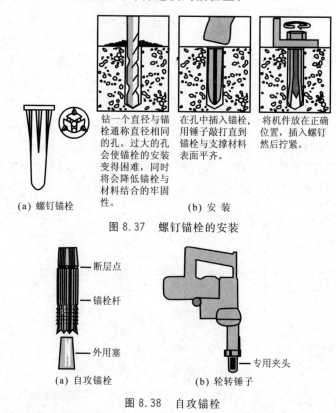

钻一个直径与锚栓通称直径相同的孔。过大的孔会使锚栓的安装变得困难，同时将会降低锚栓与材料结合的牢固性。

在孔中插入锚栓，用锤子敲打直到锚栓与支撑材料表面平齐。

将机件放在正确位置，插入螺钉然后拧紧。

(a) 螺钉锚栓　　　　(b) 安装

图 8.37　螺钉锚栓的安装

断层点

锚栓杆

外用塞

专用夹头

(a) 自攻锚栓　　　　(b) 轮转锤子

图 8.38　自攻锚栓

8.3.3　火药驱动工具及扣件

火药驱动工具及扣件用于将各种特殊设计的钉和双头螺栓扣件钻入石材或钢材中，如图 8.39 所示。火药驱动工具是一种手动工具，通过一个装有炸药的管头爆炸后产生的爆破力，它可以将钉子、双头螺栓、螺钉或相似的零件钉入或穿透建筑材料。这类好似手枪开火一般的工具，就是利用引爆火药而得到的爆破力将扣件顶入材料中。由于这些工具要靠不断震动击打扣件才能将其顶入混凝土或钢材中,所以它们的固有危险性要超过标准的火药工具。只有审定的操作员才可以使用这种火药驱动扣件工具。

(a) 双头螺栓扣件   (b) 钉状扣件   (c) 安装工具

图 8.39   火药驱动工具及扣件

● 8.3.4   中空墙扣件

许多扣件在安装时会被要求安装在一些表层很薄、密度很低的材料上,如墙板和石膏板。这就使对锚栓的选择只能定位在小型螺钉锚栓上。弹簧翼套索螺栓就是一种用于墙板、石膏板或具有相似表层的后面有空间的扣件,如图 8.40 所示。当机械螺栓穿过需要装配的设备以后,再把钢翼安装到螺栓上。然后把钢翼插入事先在安装部位打好的钻孔中。只要孔后面已经清理干净,弹簧翼在穿过孔后就会张开。这时,拉着螺栓使里面的钢翼顶在内壁上,然后边拉边拧紧螺栓,这样设备就被固定在材料表面上了。这种扣件一旦被使用就不能再用,因为事实上由于弹簧翼部分都在墙里面的空间里,所以根本无法拆卸下扣件。

一些地方安装仪器以后需要能够再拆卸并更换仪器位置,可以使用图 8.41 所示的套管式墙板锚拴。锚拴下面的尖头可以抓在墙板或其他介质上,这样就可以在安装过程中避免锚拴旋转。当锚栓拧进墙后,它的锚会张开,这样就可以从介质的后面把自己固定住了。当安装好以后,螺栓还是可以随时被拆卸下来。标准型锚栓的安装需要在材料上打一个符合要求的孔,而驱动型锚栓则不需要钻孔只需使用锤子将它敲进去即可。

石膏板螺栓是一种自攻型零件,是一种用于墙板的轻型扣件,如图 8.42所示。使用带有菲利普斯式螺丝头的螺丝刀将这种锚栓拧入墙面中,直到锚栓头与墙面齐平为止。然后,将需要固定的配件放在锚栓上,再用一个金属片螺钉拧入锚栓中将配件固定。无论在中空墙或天花板上安装哪种锚栓,都必须参照锚栓制造商提供的说明书中有关钻孔孔径、墙厚度及拉力和剪切负载等指导操作。

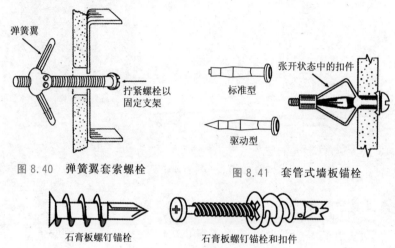

弹簧翼

拧紧螺栓以固定支架

图 8.40　弹簧翼套索螺栓

张开状态中的扣件

标准型

驱动型

图 8.41　套管式墙板锚栓

石膏板螺钉锚栓

石膏板螺钉锚栓和扣件

图 8.42　石膏板螺栓的安装

第9章

电工常用仪表

9.1　模拟式万用表与数字式万用表

● 9.1.1　万用表

所谓万用表是电路检验器的简称。万用表是一种集电压表、电流表、电阻表等功能为一体的多功能测量仪表。称之为多功能仪表是适宜的，只是习惯上称为万用表。万用表的种类如图 9.1 所示，模拟式万用表的标尺如图 9.2 所示，数字式万用表的显示如图 9.3 所示。

（a）模拟式万用表　　　　（b）数字式万用表　　　　（c）数字式多功能测试仪

图 9.1　万用表的种类

目前，由于大规模集成电路等半导体技术的进步，数字式万用表已经实现了高性能、低价格，因此获得了广泛应用。为了与数字式万用表相区别，过去使用的万用表被称为模拟式万用表。

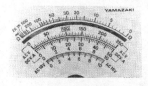　　　　

图 9.2　模拟式万用表的标尺　　　　图 9.3　数字式万用表的显示

在数字式电路检验器中，小型手持式的仪表称为数字式万用表，外形较大的放置式仪表称为数字式多功能测试仪。对于上述称呼方式目前尚无明确的区分，有些厂商把数字式万用表也称为数字式多功能测试仪。

9.1.2 模拟式万用表与数字式万用表的比较

1. 输入电阻的比较

计算器的太阳能电池在 100lx 的照度下大约能发电 200μW。在该照度的状态下,电池的电动势为多少呢?用模拟式万用表和数字万用表分别进行测量,图 9.4(a)中为模拟式万用表的测量值 1.1V,图 9.4(b)中为数字式万用表的测量值 2.39V。如果问哪一个是正确值的话,当然是数字式万用表的值正确。这是因为太阳能电池的内阻非常大,而模拟式万用表中电压表的内阻只有 $20k\Omega/V$。当万用表的表笔接触太阳能电池端子时,电池中流过使指针偏转的电流,这个电流将在电池内阻上产生电压降而使电池端子间的电压下降。

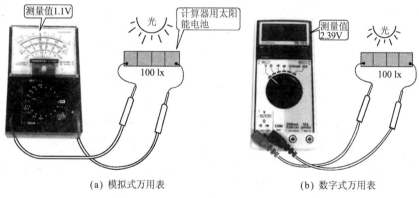

测量值1.1V　计算器用太阳能电池　100 lx　测量值2.39V　光　100 lx

(a) 模拟式万用表　　　　　(b) 数字式万用表

图 9.4　太阳能电池的电压测量

在这个问题上,由于数字式万用表的电压表具有高达 $11M\Omega$ 的输入电阻(对数字万用表不称为内阻,但可以认为是同样的概念),使流入仪表的电流近似为零,因此,电池内阻引起的电压降可以忽略。

2. 电压灵敏度的比较

模拟式万用表的电压表的量程多为 0.3～1000V。数字式万用表的电压表的量程也多为 0.3～1000V。取它们的高灵敏度量程 300mV 进行比较。模拟式万用表的电压标尺为 60 等分,每格 5mV,即分辨率为 5mV。即使选用水平低的(价格也低)数字式万用表,例如,显示数字为 3 1/2 位,最大读数为 2000,其分辨率为 300mV/2000=0.15mV,与模拟式相比分辨率仍然有 30 倍以上,可以称为是高灵敏度仪表。数字式交流电压表及电阻表等也同样具有高灵敏度特性。

3. 操作上的比较

如图 9.5 所示,模拟式万用表的标尺盘上包括有欧姆标尺,电压、电流标尺,dB(分贝)标尺等。显然,由于看错标尺等原因,容易引起测量失误。如果测量项目(例如,DC. V,AC. V 等)切换或测量量程(例如,10V,30V 等)切换没有及时进行的话,又要担心指针折断,仪表烧毁等事故发生。在这个问题上,数字式万用表只需要测量项目的切换,而不需要测量量程的切换,因此很难引起测量失误。此外,在对有极性量进行测量时,若表笔(红,黑)与被测量的极性相反,则数字显示"一"号,而不会出现指针反向偏转的情况。这样一来,即使没有电学知识,也可以放心使用数字式万用表。

(a) 模拟式万用表　　　　　　　(b) 数字式万用表

图 9.5　万用表的状态切换开关

9.1.3　模拟式万用表的优点

由前面介绍可知,如果把模拟式万用表与数字式万用表进行比较,在所有项目上数字式万用表都占有优势。但是,作为常用测量仪表的模拟式万用表目前仍被大量使用着。这是因为数字式万用表也有不足之处,可以列举以下几点。

① 对于变化量,数字显示时读取困难。而指针式仪表可以通过指针的摆动来了解变化量。

② 导通试验时,近似 0Ω 的场合和电阻很大的场合下,用数字显示时大小关系难以读取。在这一点上,指针式万用表可以通过指针的偏转从感觉上来了解导通状态。

③ 用于维修检查和修理的万用表在多数场合下,有百分之几的测量

误差不成问题。在这一点上,由于数字式万用表显示的精度高、位数多,读取时反而要花费不必要的精力。

因此,由于数字式万用表的高精度,却往往造成了使用上的困难,因此模拟式万用表今后仍将会继续使用下去。表9.1列出了模拟式万用表与数字式万用表的特征比较结果。

表 9.1　模拟式万用表与数字式万用表的特征比较

	模拟式万用表的特征	数字式万用表的特征
原　　理	• 动圈式电流表	• 用电子电路构成的电压表
电压表的内电阻	• 20kΩ/V(DCV 表) • 量程愈低电阻愈低	• 1V 以上量程时 10MΩ • 300mV 量程时数千 MΩ
标尺表示	• 指针表示 • 容易了解变化过程 • 容易出现读数误差	• 数字显示 • 读取变化量困难 • 无论谁测量都是同一个值
准确度(允许误差)	• 直流电压表电流表±3% • 交电压表±4%	• 直流电压表(高级仪表±0.1%、低价格仪表±0.5%) • 一般比模拟式准确度高
操　　作	• 注意量程切换方法 • 注意极性(指针反向偏转)	• 量程切换由仪表自动完成 • 反极性时用"－"号表示
电源开关	• 无	• 有(别忘了开关 OFF)

9.2 模拟式万用表

9.2.1　测量前的准备工作

模拟式万用表的测量状态有直流电压(DC.V)、直流电流(DC.mA)、交流电压(AC.V)、电阻(Ω)等,如图 9.6 所示。此外还附有电池检验(BATTERY)、温度测量(TEMP)、静电电容测量(C)等的标尺。

使用模拟式万用表时应明确以下事项:

① 仪表的指针是否在零位(用螺丝刀旋转零点调整螺丝)。

② 万用表表笔的红、黑极性是否正确(红色接⊕端子、黑色接⊖端子,⊖端子有时用 COM 表示)。

③ 旋转开关旋至 Ω 状态时作调零校验(为了检验电路保护用熔断器是否熔断,内部电池是否有电)。

④ 确定旋转开关的测量状态(选择 DC. V,AC. V,DC. mA 或 Ω)。

⑤ 量程选择是否合适(被测值大小不明时,应首先置于大量程)。

⑥ 测量状态切换时,表笔应脱离被测电路。

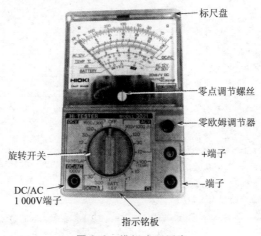

图 9.6　模拟式万用表

9.2.2　仪表保护电路

由于万用表是多功能仪表,使用时难免发生错误。例如,万用表在 DC. mA 状态或 Ω 状态时却加上了 100V 电压。电压加上的瞬间,仪表指针大幅度偏转,然后就再也不动了。是万用表烧坏了吗? 打开表壳一看,原来只是熔断器烧断了,其他什么事也没有;或者是分流器电阻烧坏了,而仪表本身并无大碍。这是因为万用表的保护电路动作的缘故。仪表的保护电路如图 9.7(a)所示,设置了与仪表并联的保护二极管,目的是使仪表的过电流由二极管旁路,起到保护仪表的作用。另外,设置了 0.3A 熔断器与仪表串联,以便发生过电流时切断电路。图 9.6 所示万用表中,针对直至 AC 250V 的电压设置了保护二极管和熔断器,以保护仪表及电阻等元件。

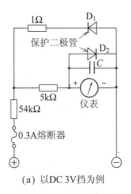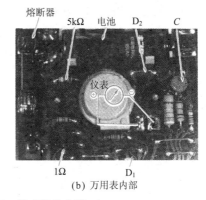

(a) 以DC 3V挡为例　　　　(b) 万用表内部

图9.7　仪表保护电路

9.2.3　直流电流的测量

模拟式万用表中,直流电流的量程在 $0.1\sim600mA$ 的范围内,数十微安的微小电流可以测量,而对于较大电流的测量是不合适的。图9.8(a)所示为测量光笔接通电流的情况。使用两节电池的手电筒的接通电流对于万用表的 $500mA$ 挡感到量程不够,因此选用了光笔。图9.8(a)中,将旋转开关旋到万用表的 $500mA$ 挡,将红色表笔接至电池的⊕极,黑色表笔接至灯泡。光笔的金属外壳由引线相连接,当光笔开关接通时就可以测量电流了。

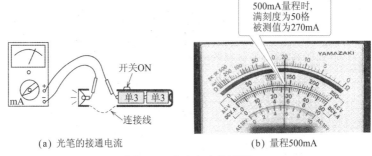

(a) 光笔的接通电流　　　　(b) 量程500mA

图9.8　直流电流的测量

9.2.4　交流电压的测量

家庭中常用的是交流工频电源。将万用表的旋转开关旋至 AC 120V 挡,把表笔插入电源插座。表笔的极性在交流的场合可不必考虑。

如图 9.9 所示，标尺中没有 120V 的分度，可将 12V 的分度扩大 10 倍即可。由指针的偏转读得被测电压为 104V（我国交流工频低压电源为 380V 和 220V，使用时应注意）。

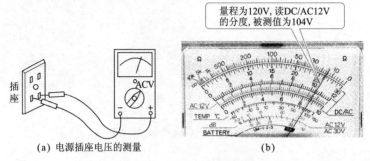

(a) 电源插座电压的测量　(b)

图 9.9　交流电压的测量

9.2.5　电阻的测量

在电阻的测量方法中，用万用表测量的测量精度较差，但由于测量方法简单而被广泛应用。测量电阻前应将旋转开关旋至电阻测量状态，然后调零。调零时将两表笔短路并旋转零欧姆调节器（调零电位器），把指针调整到 0Ω，由此进行电阻标尺校正。测量时将万用表的表笔与电阻引线接触并读取电阻值。现以 5kΩ 碳膜电阻的测量来说明。图 9.10(a) 中，用 R×10 量程测量时为接近 5kΩ 的值，但不能读出准确值。因此，改用 R×100 量程重新测量（量程改变，应重新调零）。指针偏转如图 9.10(b) 所示，由于分度变宽，可以测定为 4.8kΩ。电阻测量时，很重要的一点是选择适当的量程，使指针偏转至中央偏右的一侧，可以使测量具有较高的精度。

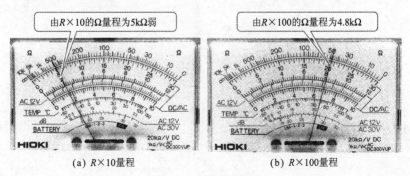

(a) R×10量程　(b) R×100量程

图 9.10　电阻值的读取

万用表中电阻表的基本电路如图 9.11(a)所示,内部电池、零欧姆调整器与电流表串联连接。当表笔短路时,电流从内部电池的⊕极经黑表笔、红表笔流向电流表的⊕端子。若使两个表笔分离,则黑表笔为电池电压 E 的⊕极,而红表笔为电池电压 E 的⊖极。这种情况可以用图 9.12 所示的实验来验证。由实验可知,在使用万用表的电阻表时,黑表笔为⊕极,红表笔为⊖极,与一般电压表的极性相反,这一点应引起注意。

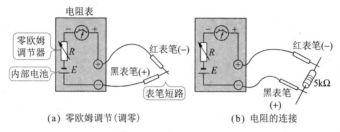

图 9.11 电阻的测量

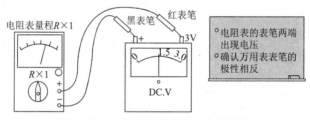

图 9.12 电阻表状态的端子电压测量

9.2.6 二极管的测量

二极管和三极管等是有极性的半导体元件。对这类元件进行电阻测量时(检查元件的好、坏),要十分注意电阻表的极性。

图 9.13 示出了用电阻表判定单向导通的二极管的好坏。图 9.13(a)中对于二极管来说表笔为正向接法,由于二极管正向电阻很小,选择电阻量程为 $R\times1$,测量值为 20Ω。图 9.13(b)中电阻表测量的是二极管的反向电阻,故选择 $R\times1k$ 的高电阻量程,由指针的偏转可知,二极管的反向电阻值为∞。由测试结果可以确认,这个二极管是一个能正常工作的元件。如果用上述方法测得的正、反向电阻为相同的低电阻,则说明二极管内部已经短路;如果测得的正、反向电阻均指向∞,则说明二极管内部已经断路。

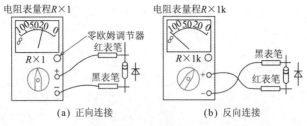

图 9.13　二极管的检查

9.3　数字式仪表

9.3.1　用数字式电压表测量模拟量

温度、压力、速度、长度等物理量能够变换成电信号,这些信号可以用数字式仪表正确测量。图 9.14 所示为温度测量时数字式电压表的使用方法。用热敏电阻(电阻值随温度变化的元件)把温度(物理量)变换成电压信号,然后用数字式电压表来测量电压信号(显示温度)。数字式电压表的内部由图 9.14 的虚线框中几部分构成。首先把输入电压用 A/D 转换器变换成数字量,然后由计数电路对脉冲数计数,最后由显示电路对温度值进行数字显示。

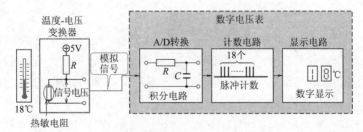

图 9.14　用数字式电压表测量温度

9.3.2　A/D 转换器的构成

把随时间连续变化的模拟量变换成数字量的过程示于图 9.15。图 9.15(a)为根据输入信号的变化速度确定采样时间$(t_1, t_2, \cdots)$,并取出采样值的过程,称为标本化(采样动作)。图 9.15(b)使已标本化了的采样值的大小数值化的过程,称为数值化。图 9.15(c)为把已数值化了的数变换成二进制符号或脉冲数的过程,称为符号化。输入信号经过标本化,数值化及符号化的过程就是 A/D 转换。图 9.15 说明了 A/D 转换的基本构成。实际 A/D 转换器可分为双积分式(测量仪器仪表用)、逐次逼近式(数字音频用)和反馈比较式(视频信号处理用)等。这里仅就适用于测量仪器仪表的双积分方式加以说明。

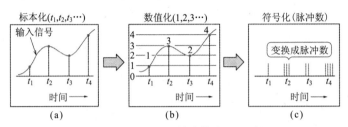

图 9.15 模拟量(A)变换成数字量(D)的过程

图 9.16 中以水槽的水位为例说明了双积分方式。图 9.16(a)中,当输入信号分别为 4V 或 2V 时,两个上水口阀门开启到与 4 或 2 相当的程度,使水流入水槽。同样于 60s 后关闭,则两个水槽将产生水位差。

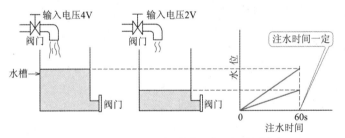

(a) 上水阀门打开,水位与输入信号成比例地上升

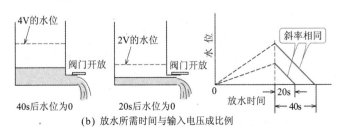

(b) 放水所需时间与输入电压成比例

图 9.16 用水位来说明双积分方式

图 9.16(b)中,将水槽底部阀门打开放水并测定水槽放空的时间,对于 4V 的水槽为 40s,而 2V 的水槽为 20s。这就是说,双积分式的 A/D 变换可以把模拟量的输入信号(电压)变换成时间上的数字量。

图 9.17 为双积分式 A/D 转换器的说明图。首先使输入电压通过电子开关,并在一定时间内积分。然后,电子开关切换,使与输入信号反极性的基准电压积分。用电压比较器检测出过"0"点并把信号送至控制电路。这样,输入电压信号(模拟量)变换成了时间量(门控信号)。进一步把这一时间量变换成脉冲信号,并对脉冲进行计数和数字显示。

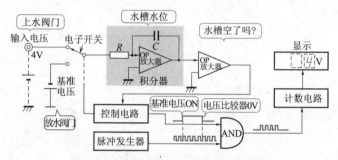

图 9.17　双积分式 A/D 转换器的说明

9.3.3　数字式万用表的构成

数字式万用表主要有直流电压、直流电流、交流电压、交流电流以及电阻等测量状态。除上述基本状态之外,还可以具备温度、频率、周期、dB 等的测量以及测量数据的记忆等功能。

图 9.18 所示为数字式万用表的构成图。用 DC.V 表和 AC.V 表测量时,输入电压加到分压器的电阻网络上,根据电压的大小,采用电子开关自动转换量程。然后将通过手动切换开关的输入电压经 A/D 转换后数字显示被测值。

用 DC.A 表和 AC.A 表测量时,选择手动切换开关为电流测量状态,同时选择交、直流测量状态。然后将输入电流送入分流器的电阻网络,由电子开关自动转换量程,经 A/D 转换后数字显示被测值。

测量电阻时,手动切换开关打到电阻测量状态,被测电阻接到测量端子上。由电阻网络自动选择量程,经 A/D 转换后数字显示被测值。

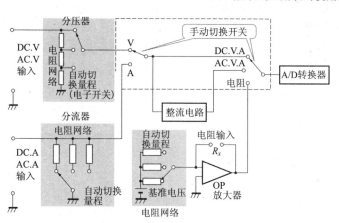

图 9.18　数字式万用表的构成举例

9.3.4　数字式电压表的输入电阻

数字式电压表具有测量准确度高、输入电阻大等优点。输入电阻大的原因是 A/D 转换器前面的分压器采用了高阻电阻。例如,输入电压小于 0.3V 时,自动量程切换电路接通 0.3V 开关,手动切换开关选择 DC. V、AC. V 后,输入电压加到 A/D 转换器。A/D 转换器具有输入阻抗为 1000MΩ 的超高值电阻,即 0.3V 电压表的输入电阻为 1000MΩ。当输入电压大于 0.3V 时,例如,为 20V,自动量程切换电路接通 30V 开关。这时输入端子与地之间的输入电阻为 10MΩ+100kΩ=10.1MΩ。

数字式万用表的使用方法

9.4.1　直流电压的测量

图 9.19 示出了数字式万用表的外观及其电气性能。数字式万用表有多种类型,从多功能高性能型(价格高)到与模拟式万用表功能相同的低价格普通型。这里以手持型为例说明其使用方法。

首先,把数字万用表的测量状态选择开关旋至直流电压测量(V)的位置并接通电源,则显示器中将出现可能显示的全部数字及符号,如

图 9.20(a)所示。2s 后蜂鸣器鸣叫,同时显示器移行并显示直流电压测量状态,如图 9.20(b)所示。测量量程为从低电压量程到高电压量程的自动量程切换结构。图 9.20(b)中,由于尚未输入被测电压,因此自动选择了 300mV 的低量程。下面,测量一下 1.5V 干电池(新品)的电动势。把红表笔接到电池的 ⊕ 极,黑表笔接到电池的 ⊖ 极,则显示被测值为图 9.20(c)所示的 4 位数字 1.652。按动 RANGE 键一次,则从自动量程切换变换到手动,可以看到小数点位置的移动。如果按住 RANGE 键 2s 以上,则返回自动量程切换状态。

7532-02(横河仪器制造)的主要性能

直流电压测量　　　　测量准确度:±(%rdg+dgt)

量　程	300mV	3V	30V	300V	1 000V
分 辨 率	100μV	1mV	10mV	100mV	1V
输入电阻	1GΩ以上	11MΩ	100MΩ		
测量准确度	0.35%+2	0.5%+1			

交流电压测量

量　程	3V	30V	300V	750V
分 辨 率	1mV	10mV	100mV	1V
输入电阻	11MΩ	10MΩ		
测量准确度	1.0%+4(40~500Hz)			

直流电流测量

量　程	300μA	3mA	30mA	300mA	10A
分 辨 率	100nA	1μA	10μA	100μA	10mA
内 电 阻	约500Ω		约5Ω		0.02Ω
测量准确度	1.0%+2				

交流电流测量

量　程	300μA	3mA	30mA	300mA	10A
分 辨 率	100nA	1μA	10μA	100μA	10mA
内 电 阻	约500Ω		约5Ω		0.02Ω
测量准确度	2.0%+5(40~500Hz)				

电阻测量

量　程	300Ω	3kΩ	30kΩ	300kΩ	3MΩ
分 辨 率	100mΩ	1Ω	10Ω	100Ω	1kΩ
测量准确度	0.7%+2	0.7%+1			1.5%+1

外观

其他功能
- 数据保存
- 量程同步
- 导通检验
- 二极管检验
- 拾音器(ADP)

图 9.19　数字式万用表的电气性能举例

(a) 初始信息显示 　　(b) 直流电压测量状态 　　(c) 电池电压的测量

图 9.20　数字式万用表测量直流电压

9.4.2　最大读数的意义

显示位数的多少是数字万用表的性能之一。4 位数的最大读数为 9999,而实际仪表中,最大读数往往是 1999 或 3999。由于这些读数比 4 位最大读数小,故称之为 3½ 位仪表。图 9.19 所示万用表的最大读数是 3200。下面以该万用表为例,用实验来确认一下 3200 的意义。

把万用表接到图 9.21 所示的直流稳压电源上,在 3V 量程下,当电源上升至 3.199V 时如图 9.21(b)所示。当被测电压稍稍超过 3.199 时,由于超过了最大读数 3200,将自动切换到高一挡量程 30V,成为图 9.21(c)所示的 3 位数 3.20。由此可知,当被测值超过 3199 的瞬间,仪表的显示位数从 4 位变为 3 位,这样一来仪表的精度下降了。可见,最大读数愈大,仪表的准确度愈高。

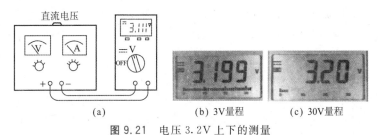

(a) 　　(b) 3V量程 　　(c) 30V量程

图 9.21　电压 3.2V 上下的测量

9.4.3　数字式仪表的误差

所谓测量器具的误差就是该测量器具的测量值(显示值)与其真值之间的差。测量器具制作时无论怎样提高精度,测量时也总会产生误差。因此应事先确定仪表所能允许的误差,按照该允许误差来制作仪表,并在说明书中写明其测量准确度。

图 9.21 所示的数字万用表的测量准确度如图中所示。对于 DC. V 3V 量程,其准确度为 ±(0.5％rdg+1dgt)。rdg 为 reading 的略写,表示

读取的值；dgt 是 digit 的略写，表示最小位数的数值。

图 9.22 示出了最大读数为 40999 的高级数字式多功能仪表。其直流电压表 4V 量程的测量准确度为 ±(0.07%rdg＋2dgt)，可见是一种具有很高精度的仪表。

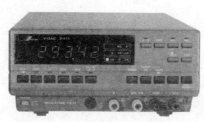

直流电压测量时的性能

量程	分辨率	测量准确度	输入电阻
40mV	1μV	0.08%+7	100MΩ
400mV	10μV		1000MΩ
4V	100μV		
40V	1mV	0.07%+2	
400V	10mV		10MΩ
1000V	100mV		

图 9.22　最大读数 40999 的数字式多功能仪表

9.4.4　电流的测量

测量电流时，应把状态选择开关旋至电流测量状态。数字式万用表的电流测量状态一般为 2 个，即 300mA 的低量程状态和 10A 的高量程状态。在低量程状态时具有自动量程切换功能。当大于 300mA 的电流流过时，显示 O.L(over range 超出量程)。500mA 以上电流流过时，保护电路的熔断器熔断，以保护万用表。使用 10A 的高量程状态时，表笔应切换到专用的 10A 端子上。由于高量程状态时仪表没有保护电路，所以被测电流绝对不可以超过 10A。万用表烧毁的原因中，大多数都是由于把表笔插入 10A 端子却误去测量电压而造成的。在 mA 状态或 Ω 状态而误测电压时，因熔断器熔断而使万用表电路得以保护，如图 9.23 所示。

9.4.5　电阻的测量

测量电阻时，切换开关应旋到 Ω 状态。表笔开路时，万用表显示 O.L (超出量程)，如图 9.24(a)所示。测量电阻之前，模拟式万用表应作调零确认，而数字式万用表则无此必要，而只需确认表笔的接触电阻等的大小。调零时应在低量程的 300Ω 挡下进行，如图 9.24(b)所示。接着就可以将表笔接触被测电阻引线进行测量了。

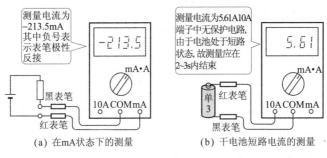

(a) 在mA状态下的测量　　　　(b) 干电池短路电流的测量

图9.23　电流的测量

(a)　　　　　　　　　　(b)

图9.24　Ω状态时的显示

9.4.6　测试二极管

用简单方法测试二极管和三极管等有极性的半导体元件时,可以用模拟式万用表的Ω状态。数字式万用表在Ω状态时,由于加到半导体元件上的电压很低,不能测试正向电阻。因此,数字式万用表中设置了二极管检验状态(➔+)。图9.25(a)为二极管正向电压的测试。红表笔接二极管⊕极,黑表笔接二极管⊖极(这一点与模拟式万用表相反)。正向电压

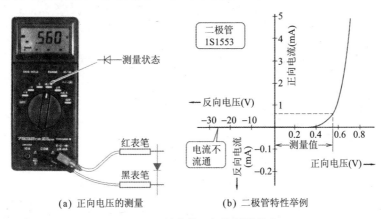

(a) 正向电压的测量　　　　　(b) 二极管特性举例

图9.25　万用表的二极管测量状态

显示为 0.560V。为什么会显示出这样的电压值呢？在二极管检验状态下，半导体元件中将流过约 0.6mA 的电流，从而产生元件的正向电压降，这就是显示出的 0.560V 电压。这一点由图 9.25(b)所示的二极管正向特性曲线得了证实。由于二极管反向电流不能流通，故其反向电压显示为 O.L。

第 **10** 章

电工常用开关保护装置

10.1 开关保护装置的动作原理与种类

● 10.1.1　各种开关电器

　　发电厂发出的电能被源源不断地经过变电所输送到工厂与家庭。为确保电能的传输与分配，各变电所不仅有进行电压变换的变压器，而且还有完成各种功能的开关和保护装置。图 10.1 所示是电能传输过程与变电所电气设备的配置示例（户外变电所的一部分）。如图所示，在变压器的两端通常安装着断路器、隔离开关、避雷器，它们在电力系统的保护中发挥着重要的作用。

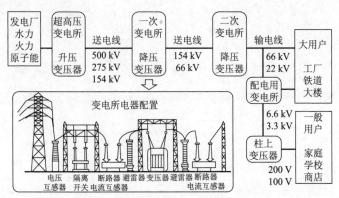

图 10.1　电力系统电气流程与变电所

　　这些在电力系统中（输电、配电系统）开通和切断电路、抑制电力系统中发生的过电压、保护电力系统和其他电器的装置统称为开关保护装置。

　　图 10.1 所示的是高压变电所的示例，但即使对于电压较低的配电变电所、工厂、大厦的配电设备，变压器的一次、二次侧也必须配备同样的开关保护电器。作为电力系统内的保护电器有避雷器，但开关电器则根据系统电压、用途等有很多种类，具体如表 10.1 所示。

表 10.1 开关电器的种类

开关电器的种类	工作电流			故障电流			备 注
	通电	闭	开	通电	合闸	切断	
断路器	○	○	○	○	○	○	3.3/6.6kV,66～550kV 各种
隔离开关	○	△	×	○	×	×	同上
接地开关电器	×	×	×	○	○	×	同上
负荷开关	○	○	○	○	○	×	电力系统用 3.3/6.6kV 为主
熔断器	○	×	×	×	×	○	同上
无熔断器开关	○	○	○	○	○	○	100～400V 为主
漏电断路器	○	○	○	○	○	○	同上

注:○表示可能;△表示根据场合可能;×表示不可能。

10.1.2 断路器的作用

在这些电器中断路器的作用是切断故障电流、防止故障的扩大、把停电时间限止到最小。

图 10.2 简略地显示了连接变电所的电源线发生故障时,断路器动作的基本情况。如图所示,电源线故障时电压互感器、电流互感器检测到故障电压和故障电流,通过继电装置向断路器发送排除故障回路指令,根据这一指令故障回路的断路器动作,切断故障电流。因系统往往要求在故障排除后立刻恢复,所以,切断后的断路器要再次合闸,如故障继续存在则要求再一次切断。这是保护装置的切断(O)-合闸(C)-切断(O)的基本要求。如果此后故障继续存在,则将完好回路的断路器合闸投入运行,继续向负载供电,从而最小限度地限制停电时间。通常,隔离开关与断路器串联,在断路器切断后再切断隔离开关。

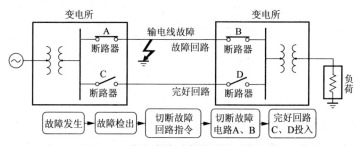

图 10.2 发生事故时断路器的动作流程

 10.2　交流断路器与隔离开关

◉ 10.2.1　电流切断过程

当断路器的触点分离切断电流时,在触点间会产生电弧。切断电流必须熄灭电弧,简称灭弧。由于断路器的种类不同,因此灭弧原理与方法也有所不同。现在的高压系统(66～550kV 系统)最常用的是 SF_6 气体灭弧的断路器,如图 10.3 所示。

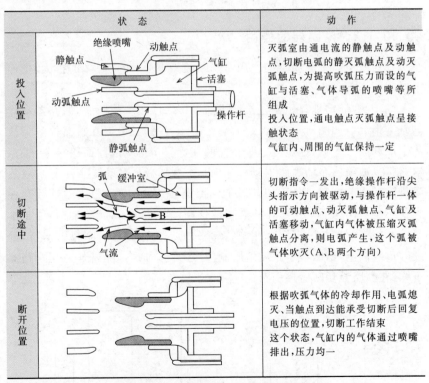

状　态	动　作
投入位置	灭弧室由通电流的静触点及动触点,切断电弧的静灭弧触点及动灭弧触点,为提高吹弧压力而设的气缸与活塞、气体导弧的喷嘴等所组成 投入位置,通电触点灭弧触点呈接触状态 气缸内、周围的气缸保持一定
切断途中	切断指令一发出,绝缘操作杆沿尖头指示方向被驱动,与操作杆一体的可动触点、动灭弧触点、气缸及活塞移动,气缸内气体被压缩灭弧触点分离,则电弧产生,这个弧被气体吹灭(A、B 两个方向)
断开位置	根据吹弧气体的冷却作用、电弧熄灭、当触点到达能承受切断后回复电压的位置,切断工作结束 这个状态,气缸内的气体通过喷嘴排出,压力均一

图 10.3　气体断路器的电流切断过程

SF_6 气体灭弧的断路器当触点闭合通以电流时,触点的周围充满着 SF_6 气体。当断路器接收到切断指令,操作机构动作,动触点开始分离,触

点间产生电弧。与此同时,与动触点连动的活塞用压缩的 SF_6 气体将电弧吹灭。因电弧所具有的能量为电弧电压与电流的乘积,所以 SF_6 气体的吹弧冷却能量必须大于电弧的能量才能把电弧可靠熄灭,从而切断电流。

⬤ 10.2.2 电流切断时的过渡过程

切断交流电流时,最好取在电弧能量最小的电流过零点。在电流零点熄灭电弧后,由于回路切断时的过渡过程,将有一个急剧上升的过渡回复电压加在断路器的触点间,断路器必须能承受得住这一回复电压。只要能承受这一电压,就能实现有效切断。

图 10.4 显示了电流切断时的过渡过程。图 10.4(a)是变压器输出端断路器的端子附近发生短路故障时的过渡过程(断路器输出端短路故障的切断过程)。如流过故障电流的断路器触点开始断开,则触点间产生电弧,同时在断路器触点两端产生电弧电压。如图所示,当电流过零时电弧被熄灭,而同时由电源侧的 L 与 C 所产生的过渡谐振电压却加在断路器两端。

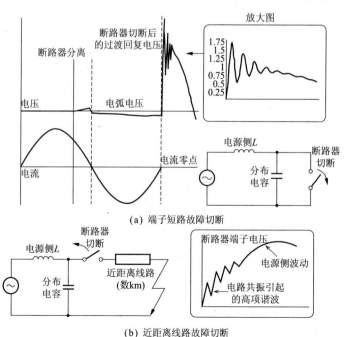

图 10.4 电流切断时的电路现象

切断的电流和切断后加在断路器上电压值,过渡过程根据回路参数和故障条件的有所不同。图 10.4(b)是离断路器输出端数 km 处发生故障时的切断过程(近距离线路故障的切断过程)。过渡回复电压比图14.4(a)更为严重。

10.2.3　断路器的类型选择

目前,正在使用的断路器根据灭弧材料及灭弧方法进行分类有多种类型。66kV 以上的系统所使用的断路器,大体经历了由油断路器到空气断路器再到气体断路器的发展过程。

断路器技术的发展是随着用电量的增加,电力系统向高压化、大容量化的发展要求,以及检修维护等使用条件的变化要求而发展起来的。现在,72kV 以上大部分采用气体断路器,但其他类型的断路器也在使用。6~36kV 级的系统,真空断路器正逐步取代油断路器、空气断路器、气体断路器、磁断路器。表 10.2 汇总了断路器的种类与灭弧方式,图 10.5 及图 10.6 显示了各种断路器的结构与外观。

表 10.2　断路器的种类与灭弧方式

断路器种类	灭弧方式
油断路器 (OCB)	灭弧媒体采用绝缘油,当筒体内的触点分离产生电弧时,由于电弧热的作用,油被分解产生气体(主要是氢气)。利用气体的压力将弧冷却并将其熄灭
空气断路器 (ABB)	当在标准 9 脚小型管状的灭弧室内产生电弧时,用 1.5~3MPa 的压缩空气吹弧将电弧熄灭
气体断路器 (GCB)	气体断路器有二重压力式和单一压力式,但现在使用的几乎都是单一压力式。其工作原理是在 0.5MPa 的 SF_6 气体腔中,利用与触点连动的活塞产生压缩气体吹弧而将电弧熄灭
真空断路器 (VCB)	10^{-6} mmHg 的真空中断开触点,在产生电弧的同时,产生的金属蒸气等离子体,从而熄灭电弧
磁断路器 (MCB)	利用切断电流本身产生驱动电弧的磁场,把电弧吸引到绝缘物做成的细隙中进行冷却,从而熄灭电弧

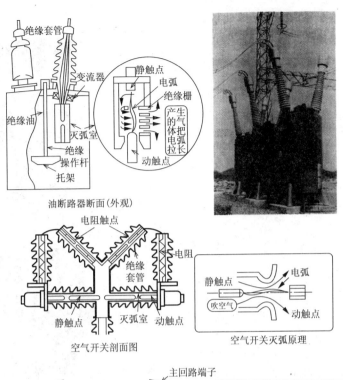

油断路器断面(外观)

空气开关剖面图

空气开关灭弧原理

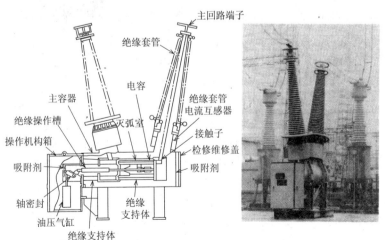

气体断路器剖面图(外观)

图 10.5 各种断路器(主要以 66kV 以上)

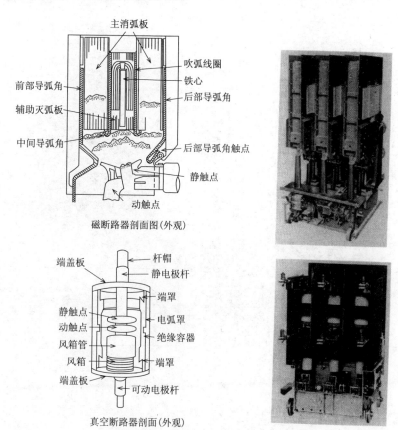

图 10.6　各种断路器(主要以 6.6～36kV)

● 10.2.4　断路器的操作(驱动)

　　如图 10.7 所示,断路器是根据保护继电器的动作命令而动作,操作驱动机构正在使用的有油压操作机构(主要是高电压、大容量断路器)、空

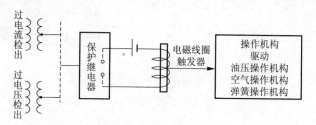

图 10.7　断路器的操作

气操作机构和弹簧储能操作机构(中小容量断路器)。

10.2.5 断路器的性能

断路器的功能是在系统及电器发生故障时,尽早切离故障回路,以防止对其他线路的影响。为此,应具备的性能有通电、切断、投入性能、绝缘能力(工频、浪涌电压)、操作性能、实用性能(维护检修性、可靠性等)。有关这些性能的断路器的规格在 JEC2300 有明确规定,性能的保证极限用额定值表示。断路器的主要额定值如表 10.3 所示。此外,温升、操作条件、试验条件和方法等也作了规定。

表 10.3 **断路器的主要额定与标准**(概略)

主要事项	概 要
额定电压	可以使用的回路电压的上限值,有 3.6、7.2、12、24、36、72、84、120、168、204、240、300、550kV 等 13 个电压等级
额定耐压	设定各额定电压的工频、脉冲耐压、绝缘等级
额定电流	通电运行时,温升允许范围内能连续运行的电流
额定切断电流	标准动作能切断的电流的极限,12.5～63kA 分 9 个等级
额定过渡回复电压	设定电流切断后加在断路器上的过渡回复电压的上升速度、波峰值、到达波峰值的时间等
额定投入电流	以波峰值设定能投入电流的限额,31.5～160kA 分 9 个等级
额定切断时间	切断额定切断电流的切断时间的极限,标准为 2、3、5 周期
额定断开时间	受到动作指令到触点分离的时间,一般在 10～20ms
标准动作要求	接受指令后,在确认故障的同时执行动作的标准要求 ① A 号:O-(1min)-CO-(3min)-CO ② B 号:CO-15s-CO ③ R 号:O-0.35s-CO-(1min)-CO……要求高速再闭合

10.2.6 隔离开关

隔离开关主要在送电、配电线路和变电所的电器进行检修时,用于隔离电源、确保安全或在系统线路运作上,用于切换线路。通常隔离开关与断路器串联,用断路器切断故障电流和负载电流,然后,断开隔离开关,投入时则相反。所以,隔离开关具有投入、切断空载线路的能力。

近年来,高压系统一般使用气体绝缘变电所(GIS),隔离开关往往安装在 SF_6 气体密封的腔体内,气体隔离开关也可以切断接通感性小电流,可根据要求的性能,选定切断方式。

表 10.4 表示气体隔离开关的方式与主要电流的开通与切断,图10.8 所示为户外及气体隔离开关的结构。

表 10.4　气体隔离开关的方式及切断/接通电流能力

气体隔离开关的方式	气体隔离开关的切断/接通电流性能
并行切弧灭弧型	切断/接通充电电路
吹弧灭弧型	切断/接通相位超前的小电流
吸入灭弧型	切断/接通相位滞后的小电流
磁场灭弧型	切断/接通回路电流
热缓冲型	作为接地开关使用

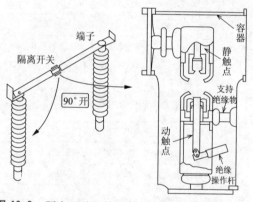

图 10.8　隔离开关的结构例(户外及气体隔离开关)

10.3 避雷器

● 10.3.1　过电压及产生原因

输电线遭雷击会造成什么结果？通常在遭雷击瞬间有一个比输电电压高得多的过电压加在输电线路上,输电线及有关电器的绝缘有可能被破坏而酿成重大事故。为此,当过电压产生时应把输电线路的电压抑制在某个电压值以下。担任这种保护功能的电器是避雷器。

过电压产生的原因有雷击引起的雷击浪涌电压,以及电力系统内因断路器和隔离开关等操作的瞬间所产生的开关浪涌电压。

① 雷击浪涌。雷击浪涌是雷电对输电线路的放电所引起的浪涌。目前,测验的雷击放电电流一般为数 kA~200kA,动作时间在 $1\mu s$ 以下。避雷器动作约 95% 是雷电流所致。

② 开关浪涌。开关浪涌是指空载线路中的充电负载,是指开通和关断时开关触点再动作所引起的过电压和电感负载快速切断电流所产生的过电压,如图 10.9 所示。

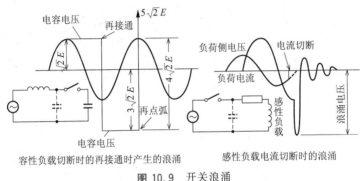

图 10.9 开关浪涌

10.3.2 抑制过电压

长期以来使用的避雷器是由串联气隙和非线性电阻(碳化硅 SiC 元件)相组合的带气隙避雷器,但氧化锌元件发明并实现实用化以后,无气隙避雷器就成了主流。在此重点介绍氧化锌(ZnO)元件避雷器的特性和原理。

图 10.10 所示为 ZnO 和 SiC 元件的电压-电流特性的比较。如图所示,ZnO 元件具有电流小、抑制过电压性能优良的非线性电阻特性。当 ZnO 元件避雷器接入输电线与大地之间,加在避雷器的电压为正常输电系统的交流电压。此时,流过元件的电流只有数微安~数十微安。但一旦雷击浪涌侵犯输电线,这一过电压就被加在避雷器上,由 ZnO 元件和特性曲线可知,避雷器瞬间流过大电流,过电压被抑制在某电压值以下

（抑制电压）。这个过程如图 10.11 所示。

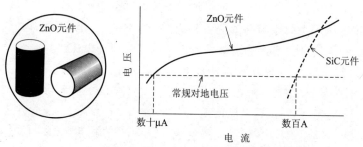

图 10.10　ZnO 元件与特性

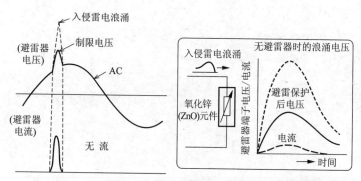

图 10.11　ZnO 元件的动作过程

10.3.3　氧化锌元件避雷器

图 10.12 所示是绝缘子型避雷器的外形与剖面图，如图所示，ZnO 元件被弹簧压装在绝缘子的绝缘筒内。绝缘瓷瓶内充干燥的氮气，气体压力为大气压。同时，上下两端用填料保持气体密封。目前，作为在 GIS 使用的充 SF_6 气体的产品也被推广应用。

10.3.4　避雷器的使用方法

避雷器通常被安装在变电所中变压器的两端。但是，也有将避雷器安装在变压器的内部，或直接安装在外部以及输电线每隔一段距离安装一组等各种用法。图 10.13 所示是一个避雷器的使用示例。

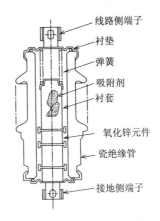

线路侧端子
衬垫
弹簧
吸附剂
衬套
氧化锌元件
瓷绝缘管
接地侧端子

图 10.12 绝缘子型避雷器的外观与结构

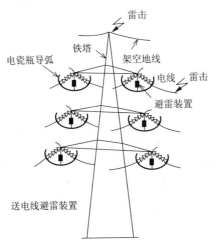

雷击
铁塔
电瓷瓶导弧
架空地线
电线
雷击
避雷装置
送电线避雷装置

图 10.13 避雷器的使用示例

10.4 开关装置

10.4.1 气体绝缘开关装置

变电所中安装着母线、断路器、隔离开关、避雷器等各种电器。气体绝缘开关装置是把这些电器安装在金属容器内,并用绝缘性能优越的 SF_6 气体封装,使电器与外容器绝缘。所以,这种开关装置是全密封结构的开关装置。

以前,大部分电器是依靠空气绝缘,电器被直接安装在大气中。20 世纪 70 年代中期以来,气体绝缘开关装置被推广应用,称为 GIS。

图 10.14 所示是 GIS 的剖面图,图 10.15 所示是其外观,在各电器的带电部分的周围,充满了气压约为 0.5MPa 的 SF_6 气体,使其保持与外容器(大地电位)之间的绝缘和相间的绝缘。安装断路器、隔离开关等电器的空间用绝缘填衬固体绝缘物分开。这样即使发生事故也不会给其他电器带来不良的影响。

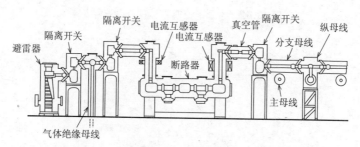

图 10.14　GIS 剖面图

图 10.15　GIS 外观图

550kV 超高压的 GIS,一般是各相的电路呈分离状态,即各相独立型,但是 275kV 以下也有把母线和电器组合在一起构成三相合一型,这种结构实现了装置的小型化。

10.4.2　气体绝缘开关装置的特点

与以前安装在大气中的电器相比,气体绝缘开关装置有以下特点。

① 设备体积缩小。SF_6 气体与空气相比,绝缘性能提高数倍,带电部分的绝缘距离可大幅度减小。缩小率大于电压提高比例。所以,在最近都市人口密度进一步提高,变电所用地发生困难的情况下,采用该项技术有着很诱人的前景。气体绝缘开关的缩小比例如图 10.16 所示。

② 安全性能好。因母线和开关电器被封装在金属容器内,所以,不会受到感应雷的威胁也不会受到来自外部的冲击。另外,组成部分的材料为难燃材料,所以安全性的不燃性能良好。

③ 省力。因开关电器体积小,单位部件可在工厂内组装好进行搬运运输,安装简单,建设工期也缩短。

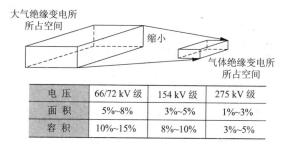

电　压	66/72 kV 级	154 kV 级	275 kV 级
面　积	5%~8%	3%~5%	1%~3%
容　积	10%~15%	8%~10%	3%~5%

图 10.16　气体绝缘开关装置的缩小比例

10.4.3　其他开关装置

从功能上把各种电器组合在一起的开关装置有以下几种。

① 固体绝缘开关装置。主要作为 6~36kV 的配电开关装置使用。把母线断路器(真空断路器)等的带电部分用固体绝缘物组成一体化,在绝缘物的外表面设接地金属层,实现了小型化,确保了安全性,如图10.17所示。

② 开关柜型绝缘开关装置。一般的 GIS 容器是圆筒状容器,但这种开关装置的容器是长方体的金属体,立体地安装开关电器,框体内充满气压约为 0.05MPa 的 SF_6 气体以保证绝缘,实现了小型化。这种开关装置,主要用于 22~66kV 的输配电系统,如图 10.17 所示。

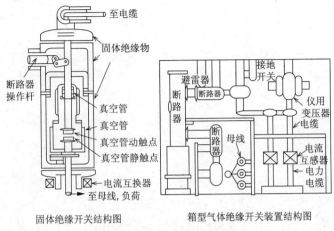

固体绝缘开关结构图　　　箱型气体绝缘开关装置结构图

图 10.17　其他开关装置

 **10.5　供配电设备中的开关电器**

10.5.1　供配电设备的组成

把电能从电厂传输到大楼,在工厂和大楼内安装着各种供配电设备,通常为了确保有效利用空间和安全运行,这些设备都被安装在供配电控制屏中。电器设备所使用的电源根据配电及保护的方式有所不同。图 10.18 所示为供配电系统图或单线接线图。所以,三相的三线用一线表示,电器设备分别用符号表示,并标注电器名。在 6.6kV 的进线系统中,进线端装有开关保护设备,同时装有监视电功率和功率因数的电器设备。变电部分依靠变压器把 6.6kV 降成 440V,220V 和 110V,再经过低压配电部分向负载供电。

10.5.2　供配电设备中的开关电器

供配电设备中主要有以下几个开关电器。

① 断路器(CB)。被用于系统的主断路器或支路断路器。目前,66kV 系统真空断路器被大量使用,如图 10.19 所示。

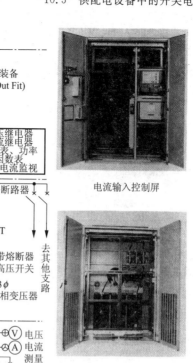

电流输入控制屏

变压器屏

图 10.18 供配电设备的组成

② 隔离开关(DS)。当变压器、断路器等电器设备进行维修保养,或者进行回路切换时,隔离开关起隔断电路的作用,如图 10.20 所示。

图 10.19 断路器

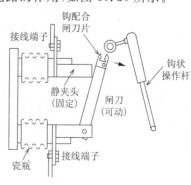

图 10.20 隔离开关

隔离开关操作 66kV 以上的高压系统时一般采用远距离操作,但 6.6kV 系统采用钩棒操作、手动操作、电动操作或控制屏上的手动操作等各种操作方法,如图 10.20 所示。

图 10.21　带熔断器的高压负荷开关

③ 负荷开关(LBS)。负荷开关用于负载电流、变压器的励磁电流、电容器电流等开通与关闭,另外,也有采用与熔断器组合,用熔断器切断短路电流的带熔断器负荷开关,如图 10.21 所示。

④ 电力熔断器(PF)。熔断器一般因体积小,价格便宜,替代断路器用于切断事故电流。用熔断器切断事故电流,不需要机械动作;所以从事故发生到熔断动作时间短,过电流对电器的破坏影响小,这是熔断器的特点,但熔断器存在熔断容量问题,以及熔断时的过电压问题。熔断器除单独使用外还与开关电器组合,安装在柱上变压器的一次侧,用于变压器保护切断装置等。

熔断器有限流型和非限流型两种,电力熔断器如图 10.22 所示,采用银或银铜合金的条状的熔体,多股并联拉紧安装在耐热绝缘圆筒内,周围填充石英砂。密闭限流型熔断器用量很大。

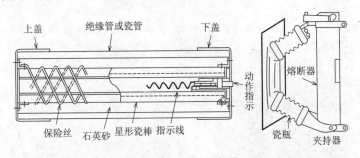

图 10.22　电力熔断器

10.5.3　配电线用断路器

1. 无熔断器断路器

无熔断器断路器(NFB)是 100～400V 低压配电系统中被广泛使用

的开关电器。这种断路器是用耐热性能、耐电弧性能良好的聚酯树脂、热可塑性树脂等进行合成树脂绝缘物压模封装,把各种装置组合成一体的空气断路器,如图 10.23 所示。有以额定电压 600V、额定电流 3～5000A、切断电流 200kA 为标准的多种规格。

带漏电保护功能

图 10.23　无熔断器断路器的外形

① 操作。恒电流的开与关采用手动操作(也有远距离操作的产品),当过电流通过时,自动分断动作,动作方式如表 10.5 所示。

② 触点。触点要求在高频开关动作时也能确保小的接触电阻和小的能耗,而且要求不熔,因此选用银钨合金等。

表 10.5　NFB 的过电流动作方式

动作方式分类	概　要
热动电磁型	当超过额定电流的过电流,长时间流过加热电阻,双金属片被加热弯曲,引起脱扣机构动作
完全电磁型	过电流流过线圈,如线圈的电磁力增大,使脱扣机构动作
电子式	用变流器 CT 检测过电流,CT 的二次输出增大,驱动断路器脱扣线圈,这种方式改变额定电流和限时特性比较容易

③ 灭弧装置。切断电流时触点间产生电弧,要求开关在窄小的空间中迅速灭弧,灭弧室采用具有 V 形缺口的磁性板,相互绝缘安装成栅型灭弧室,电弧在磁场的作用下,被吸入到灭弧栅内,弧被拉长、切断、冷却,栅内的绝缘物在电弧的作用下,分解产生气体,可提高冷却效果。图 10.24 所示是灭弧原理及灭弧室结构图。

NFB 具有限流切断的功能,即事故电流从开始到最大值的过程中尽量快速切断电流,从而抑制电弧能量。从这一点看与熔断器很相似,但 NFB 在事故电流切断后,只要触点是完好的,就可以反复合闸使用,这也是 NFB 的长处。

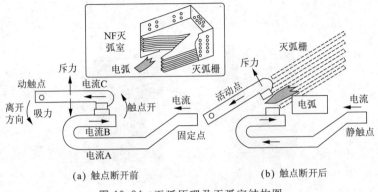

(a) 触点断开前　　　　　　　　　(b) 触点断开后

图 10.24　灭弧原理及灭弧室结构图

2. 漏电断路器

使用电器设备时,如接地不好或电器绝缘下降,在电路与大地之间就存在漏电流,人接触到这些电器,如果有电流流过人体,就有触电的危险。而且如果漏电流增大还会造成漏电火灾,直至绝缘破坏造成短路。

为此应检测出这些微小的漏电流,切断电路。具有这种防事故于未然功能的电器称漏电断路器(CELCB)。漏电断电器除接地检测保护电路以外,其他结构与前述的 NFB 相同。

① 电流检测灵敏度。漏电流或接地电流的检测灵敏度与电气使用条件和环境相关联。对人体的影响因人而异,如果连续流过小于 5mA 的电流是没有危险的,高灵敏度的产品有额定灵敏电流为 5～30mA (高灵敏度型),此外,还有 50～1000mA(中灵敏度型),3～20A(低灵敏度型)产品,在某灵敏度范围内灵敏度可调。另外,具有漏电流检测显示和报警功能。

② 电流检测与组成。漏电流采用零序电流互感器检测,取出电流互感器的输出信号,驱动断路器脱扣机构。脱扣方式有利用永磁钢的电磁式,有利用半导体,放大变流器输出信号,驱动脱扣机构的电子式。最近,以能实现快速动作的电子式为主。图 10.25 所示是漏电断路器的组成。

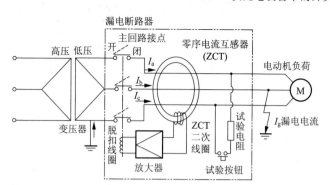

图 10.25 漏电断路器的组成

漏电断路器的工作原理是电路正常运行时,三相电流对称,三相电流之和为 0,零序电流互感器(ZCT)二次侧无输出电流,即 $I_a + I_b + I_c = 0$。

当漏电流和接地电流 I_g 通过接地点时,$I_a + I_b + I_c = I_g$,ZCT 检测到这一电流有信号输出。这个信号经放大,驱动可控硅使主电路触点断开,切断回路。

回路不接地时,通时电容接地检测出电流,检测绝缘,起到保护作用。

第11章

配电及户内配线

11.1 配　电

● 11.1.1　配电线路的组成

输电线输送的电力,需要通过配电线路分配到用户,图11.1所示为配电线路的构成。配电设备与输电设备相比,电压低、单线的容量小,因为就在负荷附近建设,所以,安全问题、城市美观、公害、交通、火灾等对一般生活影响很大。

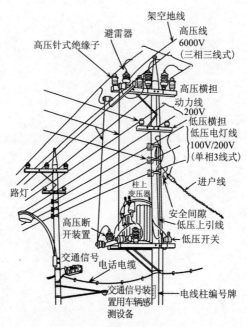

图11.1　配电线路的构成

1. 配电方式

配电方式有单相双线式、单相三线式、三相三线式、三相四线式四种。

① 单相双线式。从单相电源用双线送电,是最基本的形式。一般作为电灯用电,深夜用电(单相200V)也很普及。

这种方式线数少、架线简单,如果提供同样电功率的话,比其他方式电流大、电压降大、损耗也大。

② 单相三线式。单相三线式是在单相电源中设中心线的电源方式,即两组单相双线的组合。其中一线为共用。如果负荷相同(平衡)的话,中线流过的电流很小,损失很小。

一般作为电灯用电,多采用 100V/200V 并用的方式。

③ 三相三线式。三相三线由三根线送电,输电线路几乎都采用这种方式。图 11.2 所示为三相三线式的两种接线方式。

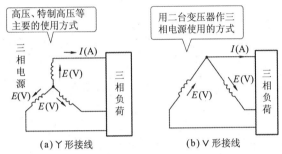

图 11.2 三相三线式的两种结线方式

高压配电线也采用此种方式,电压低时,像 200V 电动机负荷等动力用电,广泛采用此方式。

三相三线式用单相变压器三台或用三相变压器一台,也有用二台单相变压器接成 V 形接线的。

架空配电线路中,变压器装在柱上,所以台数越少越好,采用 V 形接线较多。可以说,三台单相变压器组成的△形接线省去一台变压器,就是 V 形接线。另外,如果线路的线电压、电流、功率因数一定的话,一根导线所送电力三相三线式为最多,是单相双线的 1.15 倍。

④ 三相四线式。在三相三线式的三条线以外,再从电源的中性点引出一条线就变为四线式。

这种方式在规模较大的大楼、工厂等处应用较多。例如,电动机用415V(线电压),荧光灯的电压可以用中线与相线间的 240V 电压。当然,作为 100V 负荷用时还要降压。

2. 配电线路的构成

电力系统由高压配电线从配电站经变压器降压后,经低压配电线路向用户供电。配电线路是由干线、分支线、馈线等构成的。干线是特别高压或高压配电线路的主要部分。分支线是从干线分支的部分。馈线是从变电站到用户地的线路中无分支线和负荷的部分。

高压配电方式有放射状(树形)方式和环状方式,一般用 6.6kV,根据工厂和大楼的占地条件,特别高压配电线采用 22kV,33kV。

如图 11.3 所示,放射状配电线路是把干线和支线放射状地延长的一种配电方式,该方式结构简单、建设费便宜,但可靠性、电力损耗等不如其他方式。

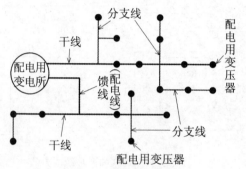

图 11.3　放射状配电线路

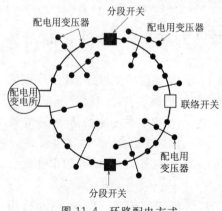

图 11.4　环路配电方式

如图 11.4 所示,环路配电方式中,在电力通道的左右有路,发生故障时将故障部分分离,电力可以交换,可靠性高,具有电压变化小、电力损耗小的优点,但建设费用高,用于城市负荷密度大的地区。图 11.4 中联络开关的作用是在故障时自动闭合,因而有向另一侧提供电力的能力。

低压配电线路的配电方式有放射形、并联分段配电方式和低压网络方式等,主要采用 100V、200V,大楼和工厂有采用 415V、240/415V 的倾向。

低压配电线路的放射状方式和高压配电线路的情况相同,已得到广泛的应用。

并联分段配电方式是接于高压配电线的两台以上变压器并联运行的方式,如图 11.5 所示,该方式适宜于负荷均匀分布的地方,具有以下特点。

① 变压器供电能力可以交换,容量可以节省。

② 电压变化小,功率损耗少。

③ 可以少停电。

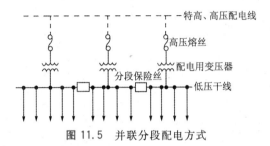

图 11.5 并联分段配电方式

低压网络方式是从配电变电站同一母线用两回线以上的馈线供电的方式,建设费与可靠性都十分高,适用于城市的重负荷地区。

3. 配电线路的新技术

今后配电系统有日益复杂的倾向,要求更高的电能质量,而且由于用户设备的增加,对电力供给可靠性提出了更高的要求。为了适应这一形势要求,技术开发也随着信息技术的进步而飞速发展了。

当发生断线、接地事故时,在整个配电地区,正确地检测出故障发生的地点,只切除故障区间,减少停电范围的技术比以前有很大的改善,如图 11.6 所示。

另外,正在应用光纤通信技术,在配电线路中安装通信和控制线,开发自动检测及热水器控制技术,如图 11.7 所示。

4. 配电电压的划分

配电电压分为低压、高压、特别高压三种。

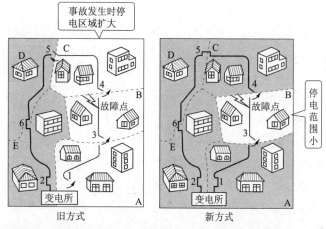

图 11.6　靠提高保护控制技术缩小停电范围

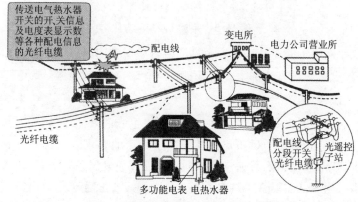

图 11.7　使用光纤控制的配电综合自动化系统

① 低压。低压指直流 750V 以下、交流 600V 以下的电压,它是家庭、商店等直接用的电压,使用低压配电线路、引入线、屋内配电线等。

② 高压。高压指直流超过 750V、交流超过 600V 但在 700V 以下的电压,用于街道等架空高压配电线路的干线中。

③ 特别高压。特别高压指超过 7000V 的电压,与一般配电线路不同,用于直接将变电站的电送到大用户等场合。

11.1.2　架空配电线路与地下电缆的比较

配电线路中,有架空和地下之分,配电线路的构造同输电线路一样,只是电压低、输送功率小。

1. 架空配电线路

架空配电线路由支持物、绝缘子、导线、柱上变压器、柱上开关等各种设备构成，图 11.8 所示是用于配电架空线路的配电线杆。

① 支持物。架空线支持物有钢筋混凝土杆、木杆、铁杆、钢板结构杆等。

② 绝缘子。配电用的绝缘子有高压和低压之分，根据使用的目的可以分为针式绝缘子、拉桩绝缘子、耐张绝缘子、圆绝缘子等。

③ 导线。架空配电线路中使用铜线与铝线，是用绝缘体包着的绝缘导线。

图 11.8 配电线杆

目前，使用较多的绝缘导线有作为高压配电线路用的室外聚乙烯绝缘导线和室外用交联聚乙烯绝缘导线，以及作为低压配电线路用的乙烯基塑料绝缘导线。

室外用钢芯铝导体聚乙烯导线（OE 导线），是钢芯铝绞线用聚乙烯绝缘的中压用屋外配电线（主要是 6.6kV），机械强度大，适用于一般的架空线。

室外用乙烯基钢芯铝导线（OW 导线）是用乙烯基绝缘的钢芯铝绞线，机械强度好，用于室外配电线路中，是经济性好的导线。

进线用乙烯基绝缘导线（OV 线），用于房屋第一支点到电度表的引入口的配线中，处理容易，耐气候性和耐热性好。

④ 配电用变压器。目前使用的柱上变压器 50kV·A 以下的单相变压器较多，另外，用两个单相变压器接成 V 形接线作为 200V 三相电源，同时也有把从一个变压器的中央取出中性线的单相三线式作为 100V/200V 电源用的，如图 11.9 所示。

随着负荷的增大，变压器也大型化了，容量为 75kV·A，100kV·A，150kV·A，但是为了实现小型化和阻燃，用环氧树脂的模压变压器已进入了实用化阶段。

　　配电变压器因铁损和铜损而产生的功率损耗约占电力系统的 20%。为减少铁损,正在开发使用非结晶型金属材料的新型变压器。

　　⑤ 柱上开关。柱上开关用于配电线路上发生事故时或者作业时,只切断该部分电路用的,有真空式、气体式、空气式三种。

　　图 11.10 所示是空气开关,它可以安全地切断平时的负荷电流,但它不能切断数倍以上的故障电流,故障时由断路器切断。它的原理是利用可动触头离开时产生的电弧热量使气体冷却并灭弧。

固定触头　　消弧室　发生消弧气体的材料
　　　　　　　　　　　　动触头

空气开关的构造图

从变压器出来侧三根线

图 11.9　V 形接线方式的柱上变压器

图 11.10　空气开关

　　⑥ 高压闸刀。高压闸刀安装在配电变压器的一次侧,变压器过负荷时,熔断高压熔丝,用它将变压器从线路上切离。

　　⑦ 熔丝。熔丝是为了保护变压器二次侧过电流时而设置的。

　　⑧ 进线。配电线路到用户引入口的那部分导线叫进线,如图 11.11 所示,进线按电压分有高压进线和低压进线,按安装方法分为架空进线和地下进线。另外,根据工作方法分有单独进线和多路进线。所谓多路进

线是指从一家用户的进线引出分支,不经其他支持物引到作为相邻用户的进线。

关于低、高压架空线的最小高度规定如下:

• 横跨道路时,离地 6m 以上。

• 横跨铁路或轨道时,离轨道面 5.5m 以上。

• 横跨在人行道桥上面架设时,低压架空线距离该路面 3m 以上,高压架空线距离该路面 3.5m 以上。

• 其他场合距离地面 5m 以上。

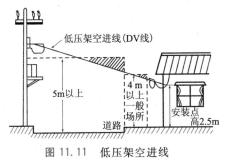

图 11.11 低压架空进线

2. 地下配电线路

近年来,大城市由于景观、防灾、公众安全等要求,越来越要求配电线地下化。

地下布线方式分为直埋式、管道式、暗沟式。在布设时,因为地下有煤气、电话线、自来水管道等各种电缆和管路,埋设时要十分注意,避免出危险。为此,要按照有关法规和道路管理部门订立合同,按照协议指示决定布设位置,慎重施工。

地下配电化遇到的最大课题是建设成本要比架空线路高 10~15 倍。为了降低成本,作为技术开发手段,是研究开发地下配电线的浅层埋设方式,如图 11.12 所示。

以前在人行道中,埋电缆的防护管深度为 60cm 以上,如果在人行道下浅埋 30cm,能承受汽车等负荷重量,施工就非常方便了。图 11.13 所示是没有电线杆和导线的街道景观。

地下配电线路的配电电压与配电方式同架空线路一样,由于多用于高密度负荷地区配电,除放射状之外,多采用并联分段和低压网络那样可靠性高的方式。

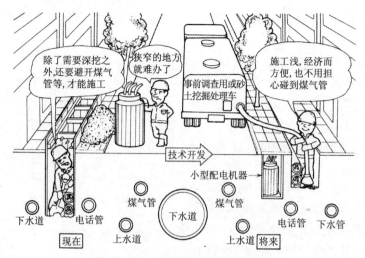

图 11.12　地下配电线的浅层埋设法

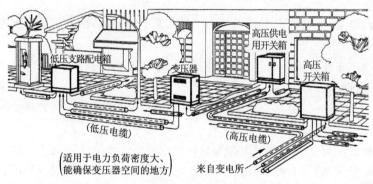

图 11.13　配电线地下化的新街道景观

● 11.1.3　配电线路的电气计算

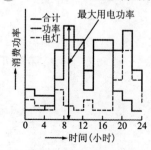

图 11.14　电力负荷的计算

1. 电力负荷

用户的设备各种各样,但它们并不是同时使用,因此,不能按全部电气设备容量来确定供电设备容量。以图 11.14 为例,按最大使用功率选择。

表示用电设备与供电设备间关系的系数有负荷率、不等率、需求率等。

① 需求率。用户设备的最大需求功率和用户设备容量的总和之比称为需求率,它是设备利用程度的系数。

$$需求率 = \frac{最大负荷功率(kW)}{负荷设备容量的总和(kW)} \times 100\% \qquad (11.1)$$

② 不等率。因为用户的用电设备最大功率发生的时间并不一样,配电设备的整体最大功率比各个用户的最大需要功率和小。不等率就是决定配电设备容量的系数。

$$不等率 = \frac{各用户最大需求功率总和(kW)}{配电设备的最大负荷功率(kW)} \times 100\% \qquad (11.2)$$

③ 负荷率。在配电系统或用户设备中,某一期间的平均负荷功率和该期间的最大负荷功率之比就是负荷率,以此来表明设备、系统是否有效利用。按时间的取法分为日负荷率、月负荷率、年负荷率。

$$负荷率 = \frac{平均用户功率(kW)}{最大负荷功率(kW)} \times 100\% \qquad (11.3)$$

表 11.1 及表 11.2 给出了需求率、不等率、负荷率的实际例子。

表 11.1　**需求率**

地　区	需求率/%
商业区	88
工业区	80
住宅区	50

表 11.2　**不等率与负荷率**

区　域	不等率		负荷率/%	
	电灯	动力	电灯	动力
大城市繁华街道	1.02	1.36	48.2	42.5
卫星城市住宅区	1.12	1.25	39.8	34.2
城市商业街	1.05	1.25	46.2	51.6
城市近郊工厂地区	1.16	1.18	44.3	37.8
农　村	1.27	1.14	35.1	23.9

2. 配电线的电气计算

导线上只要有电流流动,就会产生电压降和电力损耗。我们总希望压降和损耗越小越好,但损耗太小就需要过大的设备,反而不经济。因此,如何将它们降低是很重要的问题。

① 电压下降率。电压下降率是送电端电压与受端电压之差与受端电压之比,用百分率来表示。

$$电压下降率 = \frac{E_s - E_r}{E_r} \qquad (11.4)$$

式中,E_s 为送端电压;E_r 为受端电压。

② 电压降。设每条线的电阻及电抗分别为 $R(\Omega)$、$X(\Omega)$,一条线的电压降 v,对于图 11.15 所示情况,可用下式表示。

$$v = I(R\cos\theta + X\sin\theta) \tag{11.5}$$

对于单相双线场合,则

$$v_1 = 2I(R\cos\theta + X\sin\theta) \tag{11.6}$$

对于三相三线场合,则

$$v_3 = \sqrt{3}\,I(R\cos\theta + X\sin\theta) \tag{11.7}$$

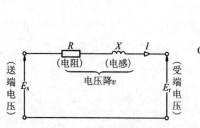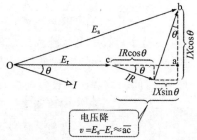

图 11.15　电压降的矢量图

③ 功率。设功率为 $P(\mathrm{W})$、线电压为 $V(\mathrm{V})$、电流为 $I(\mathrm{A})$、功率因数为 $\cos\theta$,则下式成立。

单相功率　$P = VI\cos\theta$（W） $\tag{11.8}$

三相功率　$P = \sqrt{3}\,IV\cos\theta$（W） $\tag{11.9}$

④ 功率损耗。功率损耗每线为 I^2R,单相二线式为 $2I^2R$,三相三线式为 $3I^2R$,知道电流、电阻就可求出损耗。计算公式也可以变形为下式。

$$I^2R = \left(\frac{P}{V\cos\theta}\right)^2 R = \frac{P^2R}{V^2\cos^2\theta} \tag{11.10}$$

如果功率相同,电压越高,功率因数越好（$\cos\theta$ 大）,功率损耗越小。也就是说,从 3kV 升到 6kV 和用电力电容器改善功率因数,不仅减小了电压降,也改善了功率损耗。

11.1.4　用电大户使用的自备配电站

1. 自备配电站的构成

自备配电站设备根据容量分为高压和特别高压（超过 7000V）,根据安装地点,又分为室内式和室外式、封闭开关柜式,其设备的配置与普通高压和特别高压配电站基本一样。

自备配备设备的构成如图 11.16 所示,如果将配电设备用符号表示的话,则如图 11.17 所示,根据设备的规模、形态、保护方式的不同,设备配备有所不同。

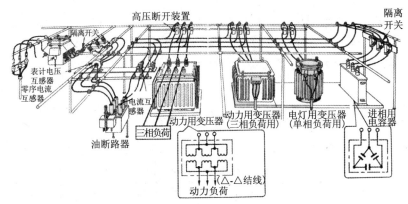

图 11.16 自备配电设备构成图

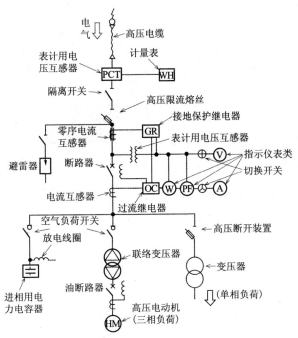

图 11.17 自备配电设备连线图

2. 封闭开关柜式的高压配电设备

封闭开关柜式高压配电设备主要是作为高压用户从电力系统受电后的配电设备。它将高压配电设备、变电设备及与此相应的设备一起做到一个金属柜内。

为了有效地利用建筑物和进行日常安全维护，封闭开关柜式高压配电设备一般是作为小规模的大楼、商店、工厂等的受变电设备。

3. 责任分界点

所谓受变电设备的责任分界点是指电力公司与用户为维护受变电设备而划分责任区时的分界处，是一种责任范围的分界点，如图 11.18 所示。

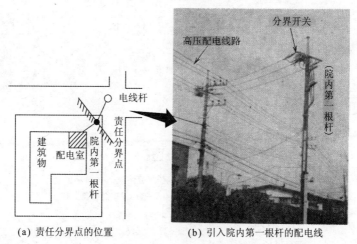

(a) 责任分界点的位置　　　(b) 引入院内第一根杆的配电线

图 11.18　责任分界点

在维护责任分界点上，必须设立分界开关。分界开关多使用能切断负荷电流的空气开关、真空开关等。

11.2　户内配线

11.2.1　户内配电盘和实际供电方式

供给工厂、大楼、商店及家庭中的电是用于户内各种电器和电灯、电热器等负荷的,所以户内配线是最接近日常生活的电气设施。

1.配电盘的作用

在家庭室外的某电线杆上的变压器处,将降至 100V 或 200V 的电压从房屋的入口处引到安装点,再经过电度表进入户内的配电盘。安装于家中天花板内或地板下面的导线叫做户内配线。一般住宅户内配电图如图 11.19 所示。配电盘是将室外进入的电线分成 2 个支路以上,是集中安装了断流开关、漏电开关和安全开关等设备的盘。由家中使用的电量来决定是否使用配电盘。是否漏电要经常监视。配电盘的主要组成部分如下。

① 断流开关。断流开关又叫限流器,当电流大于限制电流时,它会使电路自动断开。这是根据电力公司的电费制度由电力公司安装的 5～60A 的开关。

② 漏电开关当电流流过不应该流过的地方时,为了防止火灾和触电,应自动地将电切除,这就是漏电开关的作用。

③ 安全开关。安全开关又叫布线断路器,是为维护支路安全用的。装在室内的各条布线上,超过 20A 的电流流过时,它能自动切断电流。

图 11.20 所示为配电盘的构成图。

2.户内接线方式和使用的导线

如图 11.21 所示,户内接线主要有以下方式。

① 100V 单相双线式。

② 100/200V 单相三线式。

③ 200V 三相三线式。

④ 400V 三相四线式。

①～③是一般用户使用的,④是大楼用户使用。

低压屋内配电线用的导线为 600V 乙烯基绝缘导线(IV 线)及乙烯基外包的电缆(VVF 线),此外也用聚乙烯导线(IE)。600V 橡胶绝缘导线(RB 线)。

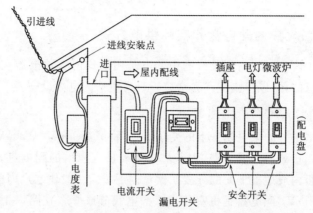

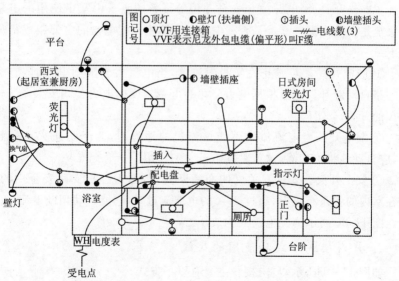

图 11.19　一般住宅户内配电图

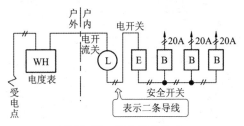

图 11.20　配电盘的构成

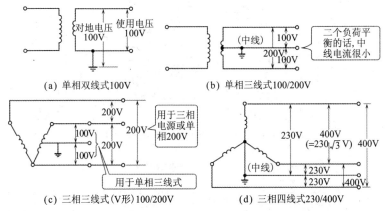

(a) 单相双线式100V

(b) 单相三线式100/200V

(c) 三相三线式(V形)100/200V

(d) 三相四线式230/400V

图 11.21　户内使用的接线方式

11.2.2　户内配线现代化

1. 200V 户内配电

图 11.22 所示是具备家庭自动化的多媒体式房屋示例图,户内电器采用 200V 电源。

2. 400V 户内配电

电气连接如图 11.21(d) 所示,采用三相四线制丫形接线的 230/400V 方式。此时,400V 配电使用方式如下,如图 11.23 所示。

① 空调、干燥机等用三相电压,采用 400V。

② 以照明为主的建筑物中其他全部单相电器用 230V。

③ 以未来普及为目标,使许多电器都能采用 230V,使用未来标准的插头插座。

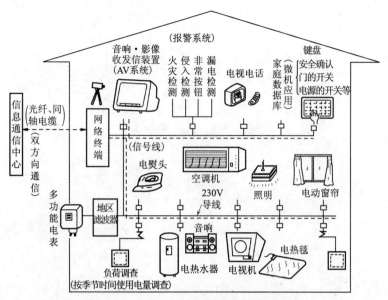

图 11.22 使用 200V 电源的新式多媒体房屋

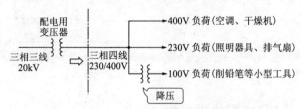

图 11.23 20kV/400V 配电系统接线图（设想）

④ 对以前的 100V 单相电路,限于桌上小型电器,通过变压器供电。

电压提高了,配电设备与电器设备必须与此相适应。同时电器使用者也必须确保安全,已经证明,将以前的保护措施延伸就可以了。

第12章

电工常用配电线路实例

12.1 单相闸刀手动正转控制线路

当启动单相电动机时,合上胶盖瓷底闸刀,单相电动机就能转动,从而带动生产机械旋转。拉闸后,电源断开。控制实例如图 12.1(a)所示,图 12.1(b)所示为单相闸刀内部接线,控制线路如图 12.1(c)所示。

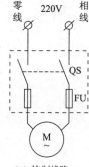

(a) 单相闸刀手动正转控制实例　　(b) 单相闸刀内部接线　　(c) 控制线路

图 12.1　单相闸刀手动正转控制线路

12.2 三相胶盖瓷底闸刀手动正转控制线路

利用胶盖瓷底闸刀开关的控制电动机线路如图 12.2 所示。在一些生产单位中使用的三相电风扇及砂轮机等设备常采用这种控制线路。这种线路最简单且非常实用。图 12.2(c)中,QS 表示胶盖瓷底刀开关。当合上闸刀开关时,电动机就能转动,从而带动生产机械旋转。拉闸后,电动机以及熔断器就脱离电源,以保证安全。

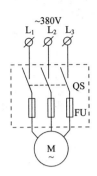

(a) 三相闸刀手动正转控制实例　　　(b) 三相闸刀内部接线　　　(c) 控制线路

图 12.2　三相胶盖瓷底闸刀手动正转控制线路

12.3 用按钮点动控制电动机启停线路

企业生产过程中,常会见到用按钮点动控制电动机的启停。它多适用在快速行程以及地面操作行车等场合。点动控制实例如图 12.3(a)所示,控制线路如图 12.3(b)所示。当需要电动机工作时,按下按钮 SB,交流接触器KM线圈得电吸合,使三相交流电源通过接触器主触点与电动

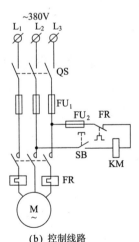

(a) 点动控制实例　　　　　　(b) 控制线路

图 12.3　用按钮点动控制电动机启停线路

机接通,电动机便启动运行。当放开按钮 SB 时,由于接触器线圈断电,吸力消失,接触器便释放,电动机断电,停止运行。

农用潜水泵控制线路

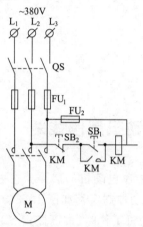

图 12.4 农用潜水泵控制线路

农用潜水泵控制线路如图 12.4 所示。当启动电动机时合上电源开关 QS,按下启动按钮 SB_1,接触器 KM 线圈得吸合,KM 主触点闭合使电动机 M 运转;松开 SB_1,由于接触器 KM 常开辅助触点闭合自锁,控制电路仍保持接通,电动机 M 继续运转。停止时,按下 SB_2,接触器 KM 线圈断电,KM 主触点断开,潜水泵电动机 M 停转。

具有过载保护的正转控制线路

具有过载保护的正转控制实例如图 12.5(a)所示,具有过载保护的正转控制线路如图 12.5(b)所示。当电动机过载时,主回路热继电器 FR 所通过的电流超过额定电流值,使 FR 内部发热,其内部金属片弯曲,推动 FR 闭合触点断开,接触器 KM 的线圈断电释放,电动机便脱离电源停转,起到了过载保护作用。

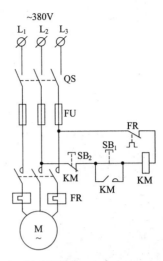

(a) 具有过载保护的正转控制实例　　　　　(b) 控制线路

图 12.5　具有过载保护的正转控制线路

 **可逆点动控制线路**

　　可逆点动控制实例如图 12.6(a)所示,可逆点动控制线路如图 12.6(b)所示。当按下 SB$_1$ 时,接触器 KM$_1$ 得电吸合,电动机 M 正向转动,当按下 SB$_2$ 时,接触器 KM$_2$ 得电吸合,电源相序改变,电动机反向转动,当松开 SB$_1$ 或 SB$_2$ 时,电动机停转,实现了可逆点动要求。

　　为了防止两个接触器同时接通造成两相短路,在两个线圈回路中各串一个对方的常闭辅助触点进行联锁保护。

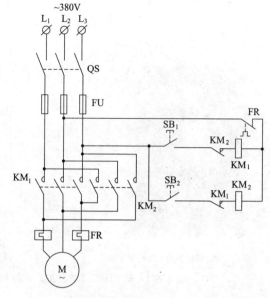

(a) 可逆点动控制实例　　　　　　　　　　(b) 控制线路

图 12.6　可逆点动控制线路

12.7 利用倒顺开关的正反转控制线路

常用的倒顺开关有 HZ3-132 型和 Qx1-13M/4.5 型。控制实例如图 12.7(a)所示,图 12.7(b)是用倒顺开关的正反转控制内部接线,控制线路如图 12.7(c)所示。

倒顺开关有六个接线柱,L_1,L_2 和 L_3 分别接三相电源,U_1,V_1 和 W_1 分别接电动机。倒顺开关的手柄有三个位置,当手柄处于停止位置时,开关的两组动触片都不与静触片接触,所以电路不通,电动机不转。当手柄拨到正转位置时,A、B、C、F 触点闭合,电动机接通电源正向运转,当电动机需向反方向运转时,可把倒顺开关手柄拨到反转位置上,这时 A、B、D、E 触片接通,电动机换相反转。

在使用过程中,电动机从正转变为反转时,必须先把手柄拨至停转位置,使它停转,然后再把手柄拨至反转位置,使它反转。

倒顺开关一般适用于 4.5kW 以下的电动机控制线路。

(a) 利用倒顺开关的正反转控制实例

(b) 利用倒顺开关的正反转控制内部接线

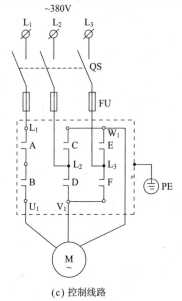

(c) 控制线路

图 12.7 利用倒顺开关的正反转控制线路

12.8 利用按钮联锁进行正反转控制线路

利用按钮联锁进行正反转控制的线路如图 12.8 所示,它采用了复合按钮,按钮互锁连接。当电动机正向运行时,按下反转按钮 SB₃,首先是使接在正转控制线路中的 SB₃ 的常闭触点断开,于是,正转接触器 KM₁ 的线圈断电释放,触点全部复原,电动机断电但仍做惯性运行,紧接着

SB_3 的常开触点闭合,使反转接触器 KM_2 的线圈获电动作,电动机立即反转启动。这既保证了正反转接触器 KM_1 和 KM_2 不会同时通电,又可不按停止按钮而直接按反转按钮进行反转启动。同样,由反转运行转换成正转运行,也只需直接按正转按钮。

　　这种线路的优点是操作方便,缺点是如正转接触器主触点发生熔焊、分断不开时,直接按反转按钮进行换向,会产生短路事故。

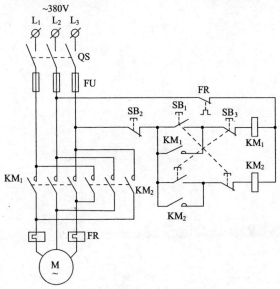

图 12.8　利用按钮联锁进行正反转控制线路

12.9 利用接触器联锁进行正反转控制线路

　　图 12.9(a)所示为接触器联锁正反转控制实例,图 12.9(b)所示为接触器联锁正反转控制线路。图中采用了两个接触器,即正转用的接触器 KM_1 和反转用的接触器 KM_2,由于接触器的主触点接线的相序不同,所以当两个接触器分别工作时,电动机的旋转方向相反。

　　线路要求接触器不能同时通电。为此,在正转与反转控制电路中分别串联了 KM_2 和 KM_1 的常闭触点,以保证 KM_1 和 KM_2 不会同时通电。

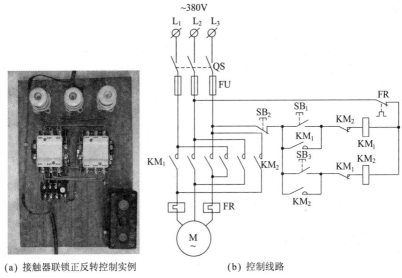

(a) 接触器联锁正反转控制实例　　　　(b) 控制线路

图 12.9　利用接触器联锁的正反转控制线路

12.10 限位控制线路

限位控制线路如图 12.10 所示。图中，SQ_1 和 SQ_2 为限位开关，装在预定的位置上。当按下 SB_1，接触器 KM_1 线圈获电动作，电动机正转启动，运动部件向前运行，当运行到终端位置时，装在运动物体上的挡铁碰撞行程开关 SQ_1，使 SQ_1 的常闭触点断开，接触器 KM_1 线圈断电释放，电动机断电，运动部件停止运行。此时，即使再按 SB_1，接触器 KM_1 的线圈也不会得电吸合，故保证了运动部件不会越过 SQ_1 所在的位置。当按下 SB_3 时，电动机反转，运动部件向后运动至挡铁碰撞行程开关 SQ_2 时，运动部件停止运动，如中间需停车，按下停止按钮 SB_2 即可。

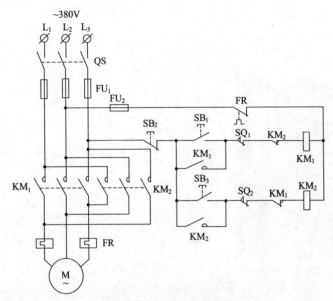

图 12.10　限位控制线路

12.11 既能点动又能长期工作的控制线路

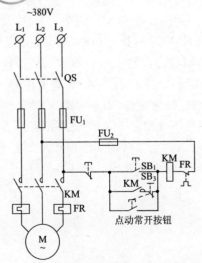

点动常开按钮

图 12.11　既能点动又能长期工作的控制线路

在实际生产工作中,有时需要人来点动操作电动机,有时也需要长期使电动机运行。图 12.11 所示是既有点动按钮,又有长期运行按钮的控制线路。点动时,按下 SB₃,接触器吸引线圈 KM 得电,常开触点 KM 闭合,电动机运行,放开按钮开关时,由于在点动接通接触器的同时,又断开了接触器的自锁常开触点 KM,所以在 SB₃ 按钮松开后电动机停转。那么,当按下长期工作按钮开关 SB₁ 时,KM

得电吸合,而 KM 自锁点便自锁,故可以长期吸合运行。应用这种线路有时会因接触器出现故障使其释放时间大于点动按钮的恢复时间,造成点动控制失效。SB_2 是电动机停止按钮,线路中 FR 为热继电器。

12.12 自动往返控制线路

在有些机械生产过程中,要求工作台在一定距离内能自动循环移动,以便对工件进行连续加工。

图 12.12 所示是工作台自动循环控制线路。按下 SB_1,接触器 KM_1 线圈获电动作,电动机启动正转,通过机械传动装置拖动工作台向左运动。当工作台上的挡铁碰撞行程开关 SQ_1(固定在床身上)时,其常闭触点 SQ_{1-1} 断开,接触器 KM_1 线圈断电释放,电动机断电,与此同时,SQ_1 的常开触点 SQ_{1-2} 闭合,接触器 KM_2 线圈获电动作并自锁,电动机反转,拖动工作台向右运动,这时行程开关 SQ_1 复原。当工作台向右运动行至一定位置时,挡铁碰撞行程开关 SQ_2,使常闭触点 SQ_{2-1} 断开,接触器 KM_2 线圈断电释放,电动机断电,同时 SQ_{2-2} 闭合,接通 KM_1 线圈电

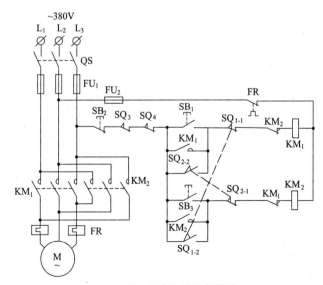

图 12.12 自动往返控制线路

路,电动机又开始正转。这样往复循环直到工作完毕。按下停止按钮
SB_2,电动机停转,工作台停止运动。

　　另外,还有两个行程开关 SQ_3,SQ_4 安装在工作台循环运动的方向
上,它们处于工作台正常的循环行程之外,起到终端保护作用,以防止
SQ_1,SQ_2 失效,造成事故。

12.13 多台电动机同时启动控制线路

　　图 12.13 所示为多台电动机同时启动控制线路。当按下启动按钮
SB_1 时,接触器 KM_1,KM_2 和 KM_3 同时吸合并自锁,因此三台电动机可
同时启动。按下停止按钮 SB_2,KM_1、KM_2 和 KM_3 都断电释放,三台电
动机同时停转(主回路未画出)。图中,SA_1,SA_2 和 SA_3 是双刀双掷钮子
开关,作为选择控制元件。如拨动 SA_1,使其常开触点闭合,常闭触点断
开,这时按下按钮 SB_1,只能接通 KM_2,KM_3。这样,经 SA_1,SA_2,SA_3 开
关的选择,可以按要求来控制一台或多台电动机的启停。

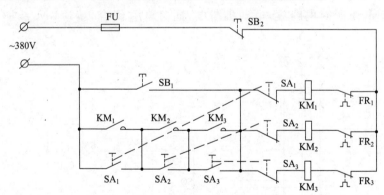

图 12.13　多台电动机同时启动控制线路

**.14** 利用转换开关改变运行方式控制线路

在线路中加一只转换开关,就能灵活地改变操作控制方式。图12.14中当 S 断开时,由 SB₁ 按钮开关进行点动控制;当 S 开关闭合时,接通交流接触器的自锁触点 KM,可由 SB₁ 按钮进行正常的启停控制。

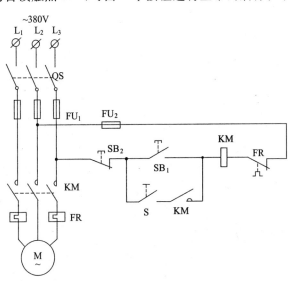

图 12.14 利用转换开关改变运行方式控制线路

第13章

电工常用电气图形符号

 **电阻器**

● 13.1.1　电阻器

　　电阻器是指为了限制或调整通过电路中的电流而制作的器件。图13.1表示的是绕线电阻器的外观及内部结构图。

● 13.1.2　电阻器的图形符号

　　电阻器的图形符号如图13.2所示。该图形符号与实际电阻器种类无关,除了可表示绕线电阻器外,还可表示碳膜电阻器等。

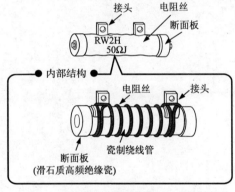

图13.1　绕线电阻器的外观及内部结构图　　　　图13.2　电阻器的图形符号

 **电容器**

● 13.2.1　电容器

　　电容器是指用金属导体夹着电介质(绝缘体),具有存储电荷性质的器件。图13.3表示的是纸介电容器的外观以及内部结构图。

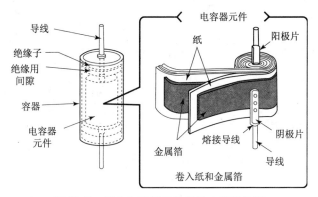

图 13.3 纸介电容器的外观及内部结构图

13.2.2 电容器图形符号

电容器的图形符号如图 13.4 所示,两条平行线表示电容器的极板,极板的长度和间隔的比例为 4∶1。

该图形符号的使用与电容器的种类无关,但像电解电容器等有极性的电容器,如图 13.5 所示,需加上表示极性的符号。

图 13.4 电容器的图形符号　　　图 13.5 有极性的电容器的图形符号

 配线切断器

13.3.1 配线切断器

配线切断器一般也可以称为断路器或无保险丝切断器,是一种负责负载电流的开闭,在过负载以及短路事故时,自动切断电路的器件。

配线切断器正常负载状态的开闭操作如图 13.6 所示,根据"接入"、"切断"操作手柄来进行。在过电流以及短路时,与热动脱扣机构(或电磁脱扣机构)联动,切断电路。

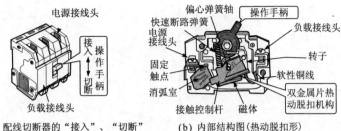

(a) 配线切断器的"接入"、"切断"　　(b) 内部结构图(热动脱扣形)

图 13.6　配线切断器的操作和内部结构图

13.3.2　配线切断器的图形符号

配线切断器的图形符号如图 13.7 所示,将固定触点画成垂直的线段(竖画时),再从与操作手柄联动,进行开闭动作的转子(可动触点)左侧引斜线段(闭合触点的图形符号)来表示。并且,把断路功能图形符号(图形符号:×)加到固定触点的顶端。

(a) 单极时　　　　　　　　　(b) 三极时

图 13.7　配线切断器的图形符号

13.4　熔断器

13.4.1　熔断器

熔断器是指用铅、锡等受热容易熔化的金属(称为可熔体)制成的,在发生短路事故,或在电路中一旦有超过规定以上的大电流等情况下,自身可因发热而熔断,自动切断电路从而保护电路的器件。

熔断器的结构如图 13.8 所示,可分为带接线片的熔丝的开放式熔断器和用纤维或者合成树脂等绝缘物覆盖可熔体的封闭式熔断器。

13.4.2　熔断器的图形符号

熔断器的图形符号与种类无关,如图 13.9 所示,在长方形上画短边的二等分线来表示。

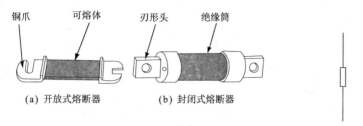

（a）开放式熔断器　　　　（b）封闭式熔断器

图 13.8　熔断器的结构图　　　　图 13.9　熔断器的图形符号

 热敏继电器

13.5.1　热敏继电器

热敏继电器一般被称为热继电器或热动继电器,如图 13.10 所示,由薄长方形的热元件和双金属片组合而成的热动元件以及对电路进行操作的触点部分构成。

热敏继电器一般与电磁接触器组合使用,电动机中一旦有过负载或者堵转状态等异常电流通过时,热敏继电器的电热器被加热,双金属片产生一定弯曲,与此联动的触点机构产生动作,例如,切断电磁接触器的操作线圈,防止因异常电流而引起电动机烧损

13.5.2　热敏继电器的图形符号

热敏继电器的图形符号如图 13.11 所示,把手动复位触点的图形符号和热元件的图形符号组合起来表示。

手动复位触点的常闭触点在图形符号中没有明确表示。一般来说,用垂直线段表示固定触点(竖画时),在其顶端附上非自动复位功能图形

符号(图形符号:○),这里用在右侧的斜线段表示可动触点。

热元件的图形符号用正方形去除一边的形状表示。

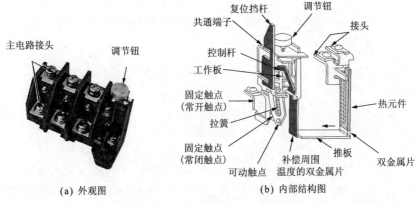

(a) 外观图　　　　　　　　　(b) 内部结构图

图 13.10　热敏继电器的结构图

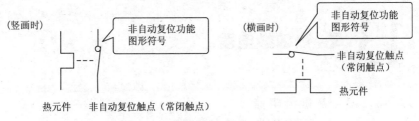

图 13.11　热敏继电器的图形符号

13.6　电池、直流电源

13.6.1　电　池

电池是指把浸在电解液中两种不同的金属具有的化学能转化为电能、获取直流电的装置。

图 13.12 所示为铅蓄电池的外观及其内部结构。

13.6.2　电池、直流电源的图形符号

电池、直流电源的图形符号如图 13.13 所示,采用同样的图形符号,

具体表现时表示电池,抽象表现时表示直流电源。

(a) 外观图(铅蓄电池)

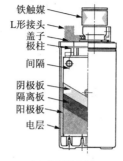

铁触媒
L形接头
盖子
极柱
间隔
阴极板
隔离板
阳极板
电层

(b) 内部结构图

图 13.12　铅蓄电池的外观及内部结构图

图 13.13　电池、直流电源的图形符号

13.7 计量仪器

13.7.1　计量仪器

计量仪器是用来测定电路中各种量的仪器,测定电流的仪器叫做电流表,测定电压的仪器称为电压表,其中,测定直流电压的是直流电压表,测定交流电压的是交流电压表。

一般来说,交流电压表、电流表中最常使用的是图 13.14 所示的可动铁片形状的装置。

13.7.2　计量仪器的图形符号

计量仪器的图形符号如图 13.15 所示,用在圆中写入表示种类的文字或加入符号来表示。例如,如果把 A 的符号含义写入圆中,就表示电流表。区别用于直流还是交流时,除了表示种类的文字,还要附加如图 13.16所示的符号。

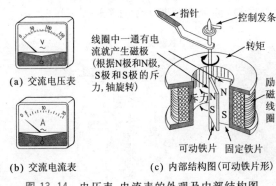

(a) 交流电压表

(b) 交流电流表

(c) 内部结构图(可动铁片形)

图 13.14 电压表、电流表的外观及内部结构图

(a) 电压表 (b) 电流表 (c) 功率表

图 13.15 计量仪器的图形符号

(a) 直流用 (b) 交流用

图 13.16 直流、交流的区别方法

13.8 电动机、发电机

13.8.1 电动机

电动机是指利用从电源得到电力来产生机械动力的旋转机器。利用直流电产生机械动力的电动机叫做直流电动机,利用交流电产生机械动力的电动机叫做交流电动机。

一般来说,作为机械和装置的动力源,大多采用图 13.17 所示的感应电动机。

13.8.2 发电机

发电机是指受到机械动力产生电力的旋转机。其中,受到机械动力产生直流电力的发电机是直流发电机,产生交流电力的发电机是交流发电机。

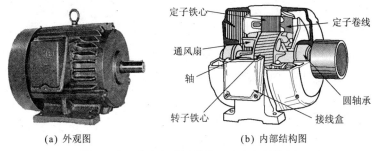

(a) 外观图   (b) 内部结构图

图 13.17　感应电动机的外观及内部结构图

13.8.3　电动机、发电机的图形符号

电动机和发电机的图形符号如图 13.18 所示,在圆中如果是电动机就大写 Motor 的首字母 M,如果是发电机就大写 Generator 的首字母 G。

(a) 电动机　(b) 发电机

图 13.18　电动机、发电机的图形符号

13.9 变压器

13.9.1　变压器

变压器是指具有两个以上的线圈,并根据线圈间的相互电磁感应作用,在次级线圈上产生与加在初级线圈上的电压不同的电压变换装置。

图 13.19 所示是一种小型变压器的外观及内部结构图。

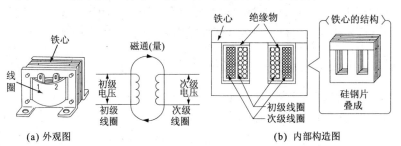

(a) 外观图   (b) 内部构造图

图 13.19　变压器的外观及内部结构图

13.9.2　变压器的图形符号

图 13.20 所示是变压器的图形符号,其中,图 13.20(a)、图 13.20(b)用于单线图,图 13.20(c)、图 13.20(d)用于多线图。

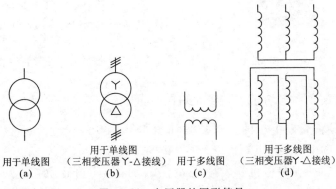

用于单线图　　用于单线图　　用于多线图　　用于多线图
　　(a)　　（三相变压器Y-△接线）　　(c)　　（三相变压器Y-△接线）
　　　　　　　　(b)　　　　　　　　　　　　(d)

图 13.20　变压器的图形符号

13.10　指示灯

13.10.1　指示灯

指示灯是指通过电灯的点亮或熄灭来表示运转、停止、故障等的器件,在配电盘、控制盘等器件上表示电路控制的工作状态,也可以称为监视灯或信号灯。

如图 13.21 所示,指示灯由电灯和分色透镜组成的发光单元以及用于使电路电压降压为电灯电压的变压器或串联电阻组成的插座部分构成。

13.10.2　指示灯的图形符号

指示灯的图形符号如图 13.22 所示,用"⊗"标记来表示。

特别注意,区别灯颜色时应附加这样的符号含义,例如,红色用 RL(Red Lamp),绿色用 GL(Green Lamp),蓝色用 BL(Blue Lamp),白色用 WL(White Lamp)。

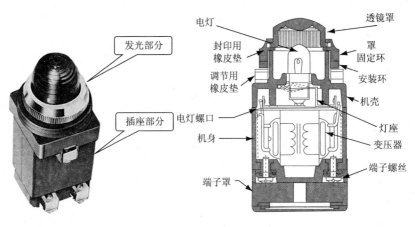

(a) 外观图   (b) 内部结构图

图 13.21 指示灯的外观及内部结构图

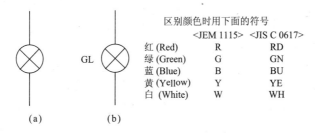

区别颜色时用下面的符号

	<JEM 1115>	<JIS C 0617>
红 (Red)	R	RD
绿 (Green)	G	GN
蓝 (Blue)	B	BU
黄 (Yellow)	Y	YE
白 (White)	W	WH

(a)   (b)

图 13.22 指示灯的图形符号

13.11 电铃、蜂鸣器

13.11.1 电铃、蜂鸣器的作用

电铃和蜂鸣器在机器以及装置发生故障时作为通知故障发生的报警器使用。

一般来说,电铃用于在发生故障时必须停止机器和装置的重大故障场合,而蜂鸣器用于使机器和装置继续运转的同时可以进行故障修理这样的小故障场合,它们分别发出各种不同的警报。

图 13.23 所示为电铃的外观图,图 13.24 所示是蜂鸣器的外观图及内部结构。

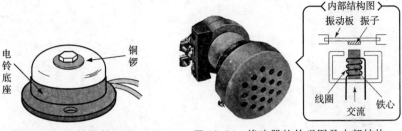

图 13.23　电铃的外观图　　　图 13.24　蜂鸣器的外观图及内部结构

13.11.2　电铃、蜂鸣器的图形符号

电铃的图形符号如图 13.25 所示,在向上的半圆上(横画时)从直径的部分垂直画两条线。

蜂鸣器的图形符号如图 13.26 所示,在向下的半圆上(横画时)从圆周部分垂直画两条线。

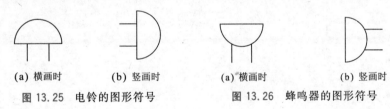

(a) 横画时　　　(b) 竖画时　　　　　(a) 横画时　　　(b) 竖画时

图 13.25　电铃的图形符号　　　　图 13.26　蜂鸣器的图形符号

13.12 开闭触点

13.12.1　主要的开闭触点图形符号

主要的开闭触点图形符号见表 13.1。

13.12.2　触点功能图形符号和操作机构图形符号

具有开闭触点的器件的图形符号,是把触点功能图形符号(限定图形

符号)或者操作机构图形符号组合起来表示为触点图形符号的。

表 13.1　主要的开闭触点图形符号

开闭触点名称		电气图形符号		说　明
		常开触点	常闭触点	
手动操作开关触点	电力用触点			● 用手动进行触点的开路闭路操作的触点
	自动复位触点			● 用手动操作时，开路或闭路，手一脱离，由于弹簧等的力量自动地还原到原始状态的触点。在 JIS 图形符号中，由于按钮开关的触点一般是自动复位的，所以可以不用特别地进行自动复位表示
电磁继电器触点	继电器触点			● 电磁继电器是指一被通电（电磁线圈中有电流流过），常开触点闭合，常闭触点断开，一被断电（切断电磁线圈中的电流），复位到原始的状态的触点。一般的电磁继电器触点是符合这个原理的
	非自动复位触点		（参考）	● 电磁继电器一被通电，就闭合(常开触点)或者断开（常闭触点），即使断电，仍保持机械性或磁性，要再次用手动进行复位操作，否则，电磁线圈即使不通电，也不会还原到原始的状态的触点。例如，手动复位的热继电器触点
定时继电器触点	定时工作触点			● 在电磁继电器中，给予预定的输入后，触点开路或者闭路，特别是当中设定时间间隔的称为定时继电器（时间继电器） ● 定时工作触点：定时继电器工作时，引起时间延迟的触点
	定时复位触点			● 定时复位触点：定时继电器复位时，引起时间延迟的触点

表 13.2 表示主要的触点功能图形符号(限定图形符号)。表 13.3 表示主要的操作机构图形符号。

表 13.2　开闭触点的触点功能图形符号(限定图形符号)

接触器功能	◖	位置开关功能	↘
断路功能	✕	延迟功能	⊏
隔离功能	—		◡
负载开闭功能	◯	自动复位功能	◁
自动释放功能	■	非自动复位 (残留)功能	◯

表 13.3　开闭触点的操作机构图形符号

名　称	图形符号	名　称	图形符号
手动操作 (一般符号)	├--	杠杆操作	⟍○--
拉拔操作	⊐--	钥匙操作	♀--
旋转操作	⌐--	曲柄操作	⌐_
按动操作	E--	滚轮操作	○--
接近效应操作	◁▷--	凸轮操作	◔--
紧急开关操作	◖--	借助电磁效应 操作	⊐--
手轮操作	⊕--	热元件操作	⌐_
脚踏操作	∨--	电动机操作	Ⓜ

13.13 常用顺序控制器件

常用顺序控制器件的图形符号见表 13.4。

表 13.4　顺序控制器件的电气图形符号

器件名	图形符号	器件名	图形符号
按钮开关	常开触点　　常闭触点	电池	
闸刀开关	（手动操作开关）	限位开关	常开触点　　常闭触点
电磁接触器	常开触点	电磁继电器	常开触点　　常闭触点
电动机	＊	测量仪器（一般）	＊
工作装置继电器线圈 继电器线圈		电容器 CH 721 X 2 C 205 K 31	（有极性）

器件名	图形符号	器件名	图形符号
电铃 蜂鸣器		指示灯	R-红　　G-绿 Y-黄　　B-蓝 O-橙　　W-白
变压器 3 2 1		整流器	
电阻器		熔断器 （开放式） （封闭式）	

第14章

电工常用照明电路

 白炽灯

◎ 14.1.1　白炽灯的构造

图 14.1 所示为一般用白炽灯泡,其主要构造包括以下几部分。

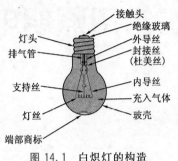

图 14.1　白炽灯的构造

1. 灯　丝

作为发光部分的灯丝,由于要进行热辐射,因此,尽可能设法提高其温度。理想情况是接近太阳光的 5000K 左右,但没有能够承受那样高温的材料。目前灯丝材料使用钨(熔点为 3650K),灯丝采用单螺旋及双螺旋两种形式,如图 14.2 所示。

单螺旋　〰〰〰〰〰　1910年(美国)
　　　　　　　　　　(发明了钨丝灯泡)

双螺旋　〰〰〰〰〰　1920年
　　　　　　　　　　(由日本三浦顺一发明)

图 14.2　钨制灯丝

由于在高温下灯丝会立刻被氧化,因此,必须用排气泵将玻壳内抽成真空。但是,用排气泵不可能抽成完全的真空,因此,要设法用吸气剂将残存的一点点 O_2 附着在玻壳的内壁上。

2. 导　丝

导丝有玻壳内导丝、封接丝及通过芯柱与灯头相连的外导丝。其中,

封接丝是最重要的部分,即如果芯柱使用的玻璃与导丝的膨胀系数不相等,则会有间隙,没有完成密封的工作。表 14.1 所示为一般使用的导丝的材料。

表 14.1 **导丝材料**

外导丝	封接丝	内导丝	芯柱玻璃种类	灯泡种类
铜丝	杜美丝	铜丝	铅玻璃	真空灯泡
铜丝	杜美丝	纯铁、纯铜丝 (镀镍)	铅玻璃	充气灯泡

3. 充 气

为了提高灯泡的效率,需要提高灯丝的温度。在真空灯泡中,由于没有气压抑制钨的蒸发,因此蒸发的钨就附着在玻壳的内壁,使玻壳变黑,这叫做黑化。为了防止黑化现象,发明了将惰性气体充入玻壳内的充气灯泡。充入的气体一般为氩(Ar)及氮(N_2),使得点灯时内部气压约为一个大气压左右。100V 等级的一般照明用灯泡使用的氩为 $86\%\sim98\%$,如图 14.3 所示。

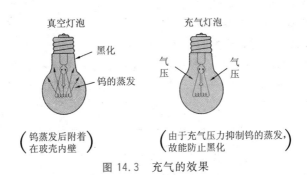

（钨蒸发后附着在玻壳内壁）　（由于充气压力抑制钨的蒸发,故能防止黑化）

图 14.3 充气的效果

4. 玻 壳

一般照明用灯泡的玻壳采用软质的钠钙玻璃。大功率的灯泡采用硬质的硼硅酸玻璃。玻壳有透明的及涂白色的两种。透明灯泡是大功率灯泡,装在器具(乳白色球形玻璃灯罩)等中使用。内表面涂白色的灯泡直接用作一般照明用灯泡使用。通过内表面涂白色,能够降低光亮度。另外,根据不同用途,还有淡蓝色玻璃的日光色灯泡、照相显影用的红灯泡、印相用的茶色灯泡等。此外,还有装饰用的彩色灯泡等。

5. 灯　头

灯泡的灯头有螺口式及插口式两种。插口式即使用在振动的场所也不会松动。作为使用的例子有铁路车辆用灯泡、汽车用灯泡及船舶用灯泡等,如图 14.4 所示。

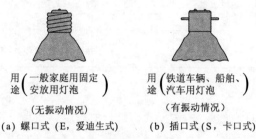

用途 (一般家庭用固定安放用灯泡)

（无振动情况）

(a) 螺口式 (E,爱迪生式)

用途 (铁道车辆、船舶、汽车用灯泡)

（有振动情况）

(b) 插口式 (S,卡口式)

图 14.4　灯　头

14.1.2　白炽灯的特性

灯泡在刚制成后,一开始点亮,光通量及电流会出现急剧的变化。光通量急剧增加,增大 $10\%\sim15\%$,达到极大值,然后再慢慢减少,回落到一定值。电流慢慢减少,减少 $1\%\sim3\%$,达到一定值。这一现象是开始点灯后十几分钟之间产生的现象,叫做老化现象。若将老化过的灯泡点亮,则随着时间的延续,光通量、电流、效率及功率稍微有点变化,该变化过程叫做使用动态过程(简称动程)。表示点亮时间及特性变化的曲线叫做动程曲线,如图 14.5 所示。灯泡的电压特性主要包括以下两点。

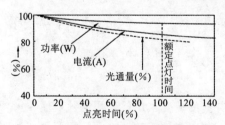

图 14.5　白炽灯的动程曲线

① 光通量的电压特性。当灯泡所加电压比额定电压 V_0 要高或低时,光通量 F 为

$$\frac{F}{F_0}=\left(\frac{V}{V_0}\right)^{3.38}$$

所以，

$$F = F_0 \left(\frac{V}{V_0}\right)^{3.38}$$

式中，F_0 为额定时的光通量；F 为变化后的光通量。

　　② 寿命的电压特性。寿命 L 可按下式求出，如图 14.6 所示。

$$\frac{L}{L_0} = \left(\frac{V_0}{V}\right)^{13.1}$$

所以，

$$L = L_0 \left(\frac{V_0}{V}\right)^{13.1}$$

式中，L_0 为额定时的寿命；L 为变化后的寿命。

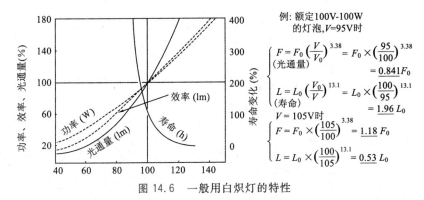

图 14.6　一般用白炽灯的特性

14.1.3　白炽灯的种类

1. 一般照明用灯泡

白炽灯广泛用作一般家庭的主要光源。目前，主要采用的是涂以白色薄膜的灯泡。表 14.2 所示为灯泡的额定值。

2. 卤钨灯

白炽灯点亮后，从高温的灯丝开始蒸发钨，导致光通量下降。另外，钨分子附着在灯泡内壁，引起黑化现象，使效率降低。卤钨灯改善了这些问题，如图 14.7 所示。

3. 反射型灯泡

反射型灯泡是在具有投射曲面的玻壳内表面真空蒸镀银或铝作为反

射面的灯泡。另外,还有不使用投光器,而灯泡本身具有光的方向性(投光性)的灯泡,以及投光用光束灯泡、汽车前照灯用密封光束灯泡,如图14.8 所示。

表 14.2　一般照明用灯泡的额定值

种　类	型　号	玻壳直径 (mm)	灯头	光通量 (lm)	效　率 (lm/W)	额定寿命 (h)
涂白色	LW100V－40W	55 或 60		485	12.1	
	LW100V－60W	55 或 60	E26/25	810	13.5	1000
	LW100V－100W	60		1520	15.2	
涂白色 薄膜	LW100V－38W	55 或 60		485	12.8	
	LW100V－57W	55 或 60	E26/25	810	14.2	1000
	LW100V－95W	60		1520	16.0	

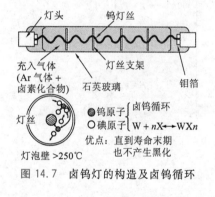

图 14.7　卤钨灯的构造及卤钨循环

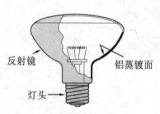

图 14.8　反射型灯泡

14.1.4　照明灯的基本控制电路

1. 一只开关控制一盏灯电路

如图 14.9 所示,这是一种最基本、最常用的照明灯控制电路。开关 S 应串接在 220V 电源相线上,如果使用的是螺口灯头,相线应接在灯头中心接点上。开关可以使用拉线开关、扳把开关或跷板式开关等单极开关。开关以及灯头的功率不能小于所安装灯泡的额定功率。

为了便于夜间开灯时寻找到开关位置。可以采用有发光指示的开关来控制照明灯,如图 14.10 所示,当开关 S 打开时,220V 交流电经电阻 R 降压限流加到发光二极管 LED 两端,使 LED 通电发光。此时流经电灯

EL 的电流甚微,约 2mA 左右,可以认为不消耗电能,电灯也不会点亮。合上开关 S,电灯 EL 可正常发光,此时 LED 熄灭。若打开 S,LED 不发光,如果不是灯泡 EL 灯丝烧断,那就是电网停电了。

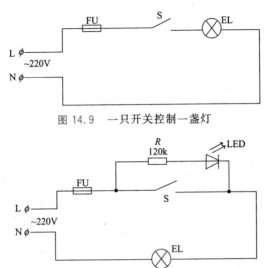

图 14.9　一只开关控制一盏灯

图 14.10　白炽灯采用有发光指示的开关电路

2. 一只开关控制三盏灯(或多盏灯)电路

电路如图 14.11 所示,安装接线时,要注意所连接的所有灯泡总电流应小于开关允许通过的额定电流值。为了避免布线中途的导线接头,减少故障点,可将接头安排在灯座中,电路如图 14.11(b)所示。

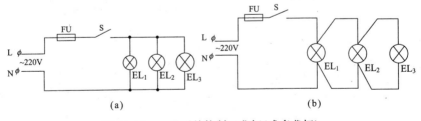

图 14.11　一只开关控制三盏灯(或多盏灯)

3. 两只开关在两地控制一盏灯电路

如图 14.12(a)所示,这种方式用于需两地控制时,如楼梯上使用的照明灯,要求在楼上、楼下都能控制其亮灭。安装时,需要使用两根导线把两只单极双联开关连接起来。

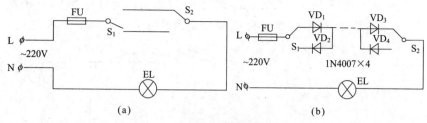

(a)　　　　　　　　　　　　　(b)

图 14.12　两只开关在两地控制一盏灯

　　另一种电路可在两开关之间节省一根导线,同样能达到两只开关控制一盏灯的效果,如图 14.12(b)所示。这种方法适用于两只开关相距较远的场所,缺点是由于线路中串接了整流管,灯泡的亮度会降低些,一般可应用于亮度要求不高的场合。二极管 $VD_1 \sim VD_4$ 一般可用 1N4007,如果所用灯泡功率超过 200W,则应用 1N5407 等整流电流更大的二极管。

4. 三地控制一只灯电路

　　由两只单刀双掷开关和一只双刀双掷开关可以实现三地控制一只灯的目的。电路如图 14.13 所示,图中 S_1,S_3 为单刀双掷开关,S_2 为双刀双掷开关。不难看出,无论电路初始状态如何,只要扳动任意一只开关,负载 EL 将由断电状态变为通电状态或者相反。

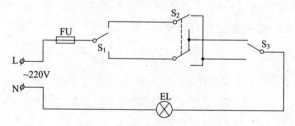

图 14.13　三地控制一只灯电路

　　图 14.13 中,S_2 双刀双掷开关在市面上不太容易买到,实际使用中,也可用两只单刀双掷开关进行改制后使用。改制方法很简单,只要按图 14.14(a)所示,将两只单刀双掷开关的两个静触点[图 14.14(a)中的①与②]用绝缘导线交叉接上,就改装成了一只双刀双掷开关。不过,这只开关使用时要同时按两下开关才起作用。再按图 14.14(b)所示接线

就可用于三地同时独立控制一盏灯了。为了能实现同时按下改制后的开关,要求采用市面流行的大板琴键式单刀双掷开关,然后用 502 胶水把这个两位大板琴键粘在一起,实现三控开关的作用。

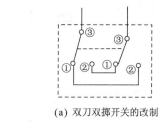

(a) 双刀双掷开关的改制

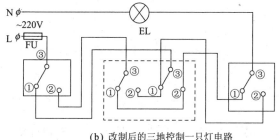

(b) 改制后的三地控制一只灯电路

图 14.14 双刀双掷开关的改制及线路连接方法

5. 五层楼照明灯控制电路

电路如图 14.15 所示,$S_1 \sim S_5$ 分别装在一至五层楼的楼梯上,灯泡分别装在各楼层的走廊里。S_1、S_5 为单极双联开关,$S_2 \sim S_4$ 为双极双联开关。这样在任一楼层都可控制整座楼走廊的照明灯。例如,上楼时开灯,到五楼再关灯,或从四楼下楼时开灯,到一楼再关灯。

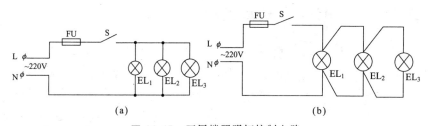

图 14.15 五层楼照明灯控制电路

6. 自动延时关灯电路

用时间继电器可以控制照明灯自动延时关灯。该方法简单易行,使用方便,能有效地避免长明灯现象,电路如图 14.16 所示。

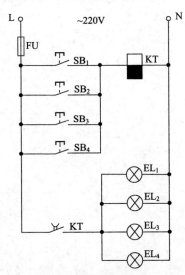

图 14.16　自动延时关灯电路

　　$SB_1 \sim SB_4$ 和 $EL_1 \sim EL_4$ 是设置在四处的开关和灯泡(例如,在四层楼的每一层设置一个灯泡和一个开关)。当按下 $SB_1 \sim SB_4$ 开关中的任意一只时,失电延时时间继电器 KT 得电后,其常开触点闭合,使 $EL_1 \sim EL_4$ 均点亮。当手离开所按开关后,时间继电器 KT 的接点并不立即断开,而是延时一定时间后才断开。在延时时间内灯泡 $EL_1 \sim EL_4$ 继续亮着,直至延时结束接点断开才同时熄灭。延时时间可通过时间继电器上的调节装置进行调节。

● 14.1.5　白炽灯的安装方法

1. 悬吊式照明灯的安装

　　① 圆木(木台)的安装。先在准备安装挂线盒的地方打孔,预埋木榫或膨胀螺栓。然后对圆木进行加工,在圆木中间钻 3 个小孔,孔的大小应根据导线的截面积选择。如果是护套线明配线,应在圆木底面正对护套线的一面用电工刀刻两条槽,将两根导线嵌入圆木槽内,并将两根电源线端头分别从两个小孔中穿出。最后用木螺钉通过中间小孔将圆木固定在木榫上,如图 14.17 所示。

② 挂线盒的安装。塑料挂线盒的安装过程是先将电源线从挂线盒底座中穿出,用螺丝将挂线盒紧固在圆木上,如图 14.18(a)所示。然后将伸出挂线盒底座的线头剥去 20mm 左右绝缘层,弯成接线圈后,分别压接在挂线盒的两个接线桩上。再按灯具的安装高度要求,取一段花线或塑料绞线作为挂线盒与灯头之间的连接线,上端接挂线盒内的接线桩,下端接灯头接线桩。为了不使接头处承受灯具重力,吊灯电源线在进入挂线盒盖后,在离接线端头 50mm 处打一个结(电工扣),如图 14.18(b)所示。这个结正好卡在挂线盒孔里,承受着部分悬吊灯具的重量。

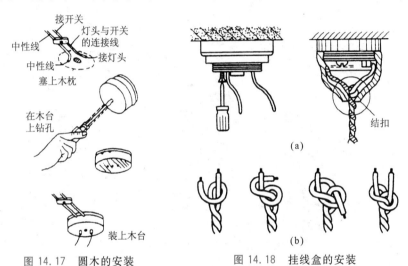

图 14.17　圆木的安装　　　　图 14.18　挂线盒的安装

③ 灯座的安装。首先把螺口灯座的胶木盖子卸下,将软吊灯线下端穿过灯座盖孔,在离导线下端约 30mm 处打一电工扣,然后将去除绝缘层的两根导线下端芯线分别压接在灯座两个接线端子上,如图 14.19 所示,最后旋上灯座盖。如果是螺口灯座,火线应接在与中心铜片相连的接线桩上,零线接在与螺口相连的接线桩上。

2. 矮脚式电灯的安装

矮脚式电灯一般由灯头、灯罩、灯泡等组成,分为卡口式和螺旋口式两种。

卡口矮脚式灯头的安装方法和步骤如下所述,如图 14.20 所示。

① 在准备装卡口矮脚式灯头的地方居中塞上木枕。

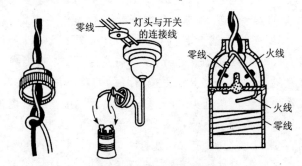

零线　灯头与开关的连接线　零线　火线　火线　零线

图 14.19　吊灯座的安装

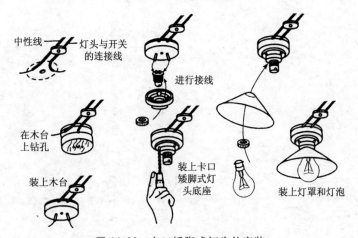

中性线　灯头与开关的连接线　进行接线　在木台上钻孔　装上木台　装上卡口矮脚式灯头底座　装上灯罩和灯泡

图 14.20　卡口矮脚式灯头的安装

② 对准灯头上的穿线孔的位置,在木台上钻两个穿线孔和一个螺丝孔。

③ 把中性线线头和灯头与开关连接线的线头对准位置穿入木台的两个孔里,用螺丝把木台连同底板一起钉在木枕上。

④ 把两个线头分别接到灯头的两个接线桩头上。

⑤ 用三枚螺丝把灯头底座装在木台上。

⑥ 装上灯罩和灯泡。

螺旋口矮脚式电灯的安装方法除了接线以外,其余与卡口矮脚式电灯的安装方法几乎完全相同,如图 14.21 所示。螺旋口式灯头接线时应注意,中性线要接到与螺旋套相连的接线桩上,灯头与开关的连接线(实际上是通过开关的相线)要接到与中心铜片相连的接线桩头上,千万不可接反,否则在装卸灯泡时容易发生触电事故。

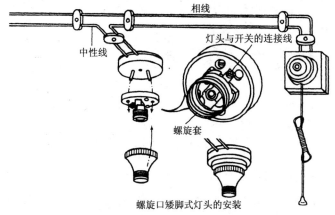

相线

中性线

灯头与开关的连接线

螺旋套

螺旋口矮脚式灯头的安装

图 14.21 螺旋口矮脚式电灯的安装

3. 吸顶灯的安装

吸顶灯与屋顶天花板的结合可采用过渡板安装法或直接用底盘安装法。

① 过渡板式安装。首先用膨胀螺栓将过渡板固定在顶棚预定位置。将底盘元件安装完毕后,再将电源线由引线孔穿出,然后托着底盘找过渡板上的安装螺栓,上好螺母。因不便观察而不易对准位置时,可用一根铁丝穿过底盘安装孔,顶在螺栓端部,使底盘慢慢靠近,沿铁丝顺利对准螺栓并安装到位,如图 14.22 所示。

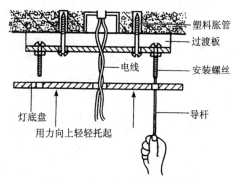

塑料胀管

过渡板

电线

安装螺丝

灯底盘

导杆

用力向上轻轻托起

图 14.22 吸顶灯经过渡板安装

② 直接用底盘安装。安装时用木螺钉直接将吸顶灯的底座固定在预先埋好在天花板内的木砖上,如图 14.23 所示。当灯座直径大于 100mm 时,需要用 2～3 只木螺钉固定灯座。

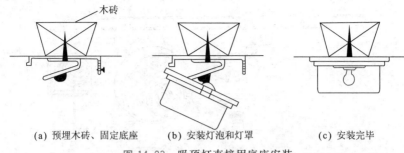

(a) 预埋木砖、固定底座　　　(b) 安装灯泡和灯罩　　　(c) 安装完毕

图 14.23　吸顶灯直接用底座安装

4. 双联开关两地控制一盏灯的安装

安装时，使用的开关应为双联开关，此开关应具有三个接线桩，其中两个分别与两个静触点接通，另一个与动触点连通（也称为共用桩）。双联开关用于控制线路上的白炽灯，一个开关的共用桩（动触点）与电源的相线连接，另一个开关的共用桩与灯座的一个接线桩连接。采用螺口灯座时，应与灯座的中心触点接线桩相连接，灯座的另一个接线桩应与电源的中性线相连接。两个开关的静触点接线桩，分别用两根导线进行连接，如图 14.24 所示。

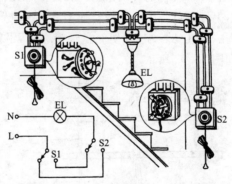

图 14.24　双联开关两地控制一盏灯的安装

荧光灯

当使用荧光灯作为光源时,要充分注意关于显色性的问题,如图 14.25 所示。

荧光灯在使用电压发生变化时的特性为,电压变化－5V 时,光通量减少约 8%;电压变化＋5V 时,光通量增加约 8%,不像白炽灯那样变化较大,如图 14.26 所示。

荧光灯的电压变动时,不管电压是增加还是减少,其寿命都会减少,如图 14.27 所示。

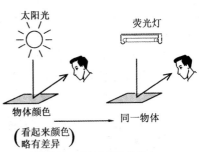

图 14.25　关于显色性

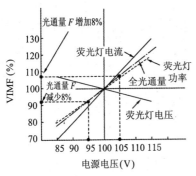

图 14.26　荧光灯的光通量变化

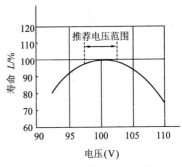

图 14.27　荧光灯的寿命

14.2.1　荧光灯的构造

1. 荧光灯的构造及原理

荧光灯是将在压力约 1Pa 的低压水银蒸气中放电产生紫外线的波长为 253.7nm 的紫外线辐射,通过涂敷在管内壁的荧光物质变换为可见光线,如图 14.28 所示。

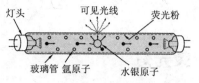

图 14.28　荧光灯的构造及发光原理图

2. 电　极

电极为双螺旋钨丝,其上附有钡、锶、钙的氧化物。当电极通电或有放电电流流过时,则电极被加热至数百度,因而从电极发射出热电子。

3. 封入水银蒸气及气体

封入管内的水银及氩气的压力为数百 Pa。该封入气体的作用有下列三点。

① 使具有低的电离能量的水银容易电离。

② 氩原子阻碍水银离子的运动,减慢电极寿命的缩短及管端部的黑化进程。

③ 阻碍向放电管壁方向扩散的电子,防止电子的损失。

4. 荧光灯的形状

荧光灯的形状有直管形(一般的形状)、环形及灯泡形等如图 14.29 所示。

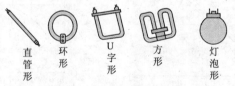

图 14.29　荧光灯的形状

5. 荧光粉及光色

使用最多的荧光粉是卤磷酸钙,主要是白色及日光色。

14.2.2　荧光灯的启动原理

1. 镇流器(扼流圈)

放电灯有这样的性质,即一旦流过放电灯的电流增加,端电压就会下降。因此,为了使放电灯稳定动作,必须串联镇流器作为电流控制元件。

图 14.30 为基本的点灯电路。

2. 荧光灯点灯电路

荧光灯点灯电路大致可分为启动器型(预热启动型)和快速启动型两种方式。

① 启动器型点灯电路。启动器型有辉光启动器及按钮开关两种。在图 14.30 中是用按钮开关,使按钮开关 S 闭合,将电极的钨丝加热,达到容易从电极发射热电子的温度(灯管两端"噗"地变亮),再断开 S,镇流器产生冲击电压,电极两端加上高电压而开始放电,荧光灯点亮。而辉光启动器则能自动重复该开关的动作,直到点灯为止。图 14.31 所示为辉光启动器(也叫做点灯管)的动作过程。封入辉光启动器的氖(Ne)或氩(Ar)一放电,双金属片的温度就上升,与固定电极接触,S 变为接通状态,放电停止,双金属片冷却(1~2s),S 再变为断开状态。荧光灯开始放电,一旦点灯,则辉光启动器就不再动作。

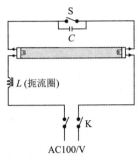

图 14.30 荧光灯的点灯电路

② 快速启动型。快速启动型一接通电源,就在灯管电极间加上高电压,同时流过加热电流,经过约 1s 点亮。

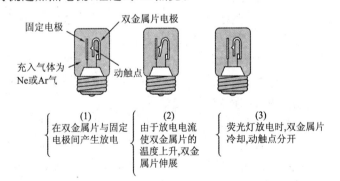

图 14.31 辉光启动器的动作

14.2.3 荧光灯的基本控制电路

荧光灯的基本控制电路如图 14.32 所示。

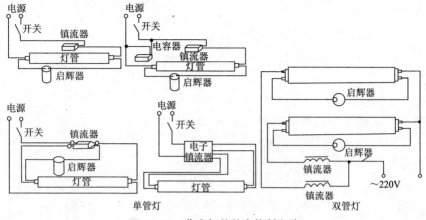

图 14.32　荧光灯的基本控制电路

14.2.4　荧光灯的安装方法

荧光灯的安装方法如下：

① 准备灯架。根据荧光灯管的长度，购置或制作与之配套的灯架。

② 组装灯具。荧光灯灯具的组装，就是将镇流器、启辉器、灯座和灯管安装在铁制或木制灯架上。组装时必须注意，镇流器应与电源电压、灯管功率相配套，不可随意选用。由于镇流器比较重，又是发热体，应将其扣装在灯架中间或在镇流器上安装隔热装置。启辉器规格应根据灯管功率来确定。启辉器宜装在灯架上便于维修和更换的地点。两灯座之间的距离应准确，防止因灯脚松动而造成灯管掉落。

③ 固定灯架。固定灯架的方式有吸顶式和悬吊式两种。悬吊式又分金属链条悬吊和钢管悬吊两种。安装前先在设计的固定点打孔预埋合适的固定件，然后将灯架固定在固定件上。

④ 组装接线。启辉器座上的两个接线端分别与两个灯座中的一个接线端连接，余下的接线端，其中一个与电源的中性线相连，另一个与镇流器的一个出线头连接。镇流器的另一个出线头与开关的一个接线端连接，而开关的另一个接线端则与电源中的一根相线相连。与镇流器连接的导线既可通过瓷接线柱连接，也可直接连接，但要恢复绝缘层。接线完毕，要对照电路图仔细检查，以免错接或漏接，如图 14.33 所示。

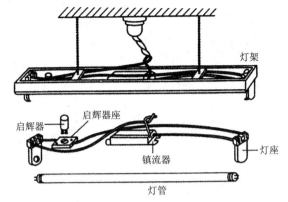

图 14.33 荧光灯的组装接线

⑤ 安装灯管。安装灯管时,对插入式灯座,先将灯管一端灯脚插入带弹簧的一个灯座,稍用力使弹簧灯座活动部分向外退出一小段距离,另一端趁势插入不带弹簧的灯座。对开启式灯座,先将灯管两端灯脚同时卡入灯座的开缝中,再用手握住灯管两端头旋转约 1/4 圈,灯管的两个引出脚即被弹簧片卡紧,使电路接通,如图 14.34 所示。

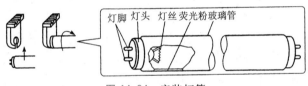

图 14.34 安装灯管

⑥ 安装启辉器。最后把启辉器安放在启辉器底座上,如图 14.35 所示。开关、熔断器等按白炽灯安装方法进行接线。检查无误后,即可通电试用。

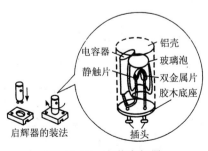

图 14.35 安装启辉器

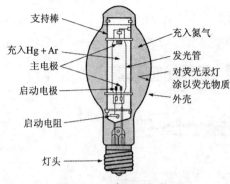

支持棒
充入 Hg + Ar
主电极
启动电极
启动电阻
灯头
充入氮气
发光管
对荧光汞灯
涂以荧光物质
外壳

图 14.36　高压汞灯构造图

14.2.5　高压汞灯

1. 高压汞灯的构造

图 14.36 所示为高压汞灯的构造，其外壳是透明的。高压汞灯有两种，一种是仅利用发光管发出的水银光谱的高压汞灯，另一种是用涂在外壳内表面的荧光物质，将发光管发出的 365nm 的紫外线辐射变换为接近红色光波长的荧光汞灯。

2. 高压汞灯的启动及再启动

如图 14.37 所示，高压汞灯的启动过程是，将汞灯加上电压，在主电极与辅助电极间引起辉光放电，同时在主电极间产生电弧，利用该电弧放电的热量使水银蒸发，该蒸气在几分钟后完全蒸发并达到稳定状态。发光管采用耐热石英玻璃。发光管内封入的水银与规定的汞灯电压相应，另外还封入降低启动电压用的氩气（约 10^3 Pa）。由于点灯时发光管的温度达到约 600℃，因此，为了保温，就必须有外壳。外壳内一般封入 0.5Pa 的氮气。高压汞灯一旦熄灯后，由于水银蒸气气压很高，因此，启动困难，再次启动的间隔时间约需 10min。

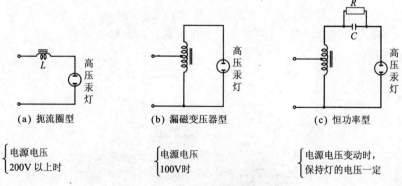

(a) 扼流圈型　　　　　(b) 漏磁变压器型　　　　　(c) 恒功率型

{电源电压 200V 以上时　　{电源电压 100V 时　　{电源电压变动时，保持灯的电压一定

图 14.37　高压汞灯镇流器电路

14.3.1　办公室照明

一般认为,办公室的室内空间只要不产生眩光(刺眼),照度越高越好。因此,一般采用高效率的荧光灯。目前,正努力普及照明与空调的出风口或吸风口一体化的空调照明器具。另外,顶棚系统(空调、扬声器、火灾报警器、自动洒水消防器等)在超高层大楼中起到缩短建筑工期及减少工程费用的作用,如图14.38所示。

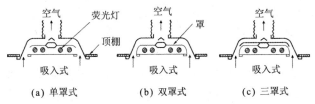

(a) 单罩式　　　　(b) 双罩式　　　　(c) 三罩式

图14.38　空调照明(建筑化照明)

14.3.2　工厂照明

1. 金属加工、机械、纤维、印刷工业

作为整体照明,采用荧光灯40W×2盏用的灯罩。在高顶棚的情况下,采用荧光高压汞灯或金属卤化物灯,如图14.39所示。

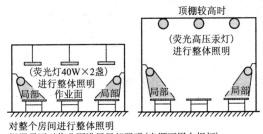

对整个房间进行整体照明
根据需要对作业面进行局部照明(光源可用白炽灯)

图14.39　工厂照明

2. 化学、制药、食品工业

一般这类工厂的产品是潮湿的，因此要采用防水、耐酸、防湿的照明器具。可以并用整体照明及局部照明。

在灰尘及腐蚀性气体等容易污损器具的场所使用

3. 矿山、炼铁、煤矿

多数此类工作场所灰尘特别多。在发电机室及配电间采用防尘照明器具。可以是采光顶棚或开天窗的顶棚，如图 14.40 所示。

图 14.40　密闭型高顶棚器具

● 14.3.3　住宅照明

1. 光源的选择方法

① 长时间停留的房间。例如，起居室、卧房、书斋、学习用房等，一般采用荧光灯。

② 短时间使用的场所。例如，门厅、走廊、楼梯、厕所、盥洗室等，一般采用白炽灯。

在器具的选择中，以简便、不增添麻烦为好。另外，由于器具的形式有多种多样，因此要充分听取住户的意见，选择协调的器具为好。再有，在住宅照明中，要留意的第一件事是每年大约两次的器具扫除工作。特别是在有荧光灯的情况下，由于灯管上附着了相当多的灰尘，因此去除这些灰尘是很重要的。在适当的时候更换灯泡或灯管，即所谓提高维护系数。图 14.41 所示为住宅照明举例。

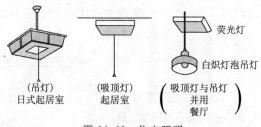

荧光灯

白炽灯泡吊灯

（吊灯）
日式起居室

（吸顶灯）
起居室

（吸顶灯与吊灯
并用
餐厅）

图 14.41　住宅照明

2. 不同房间的照度标准

表 14.3 所示为住宅照明中不同房间的照度标准。

表 14.3　住宅照明中不同房间的照度标准

场　所	标准照度 (lx)	备　注	场　所	标准照度 (lx)	备　注
起居室	300～750		做家务	300～750	需要时与 台灯并用
书斋	500～1000		浴室	75～150	
儿童室	150～300	需要时与 台灯并用	厕所	50～100	
接待室	150～300		走廊	30～75	
客厅	150～300		门厅	75～150	
餐厅 厨房	200～500		门	30～75	
寝室	300～750				

14.3.4　其他照明

1. 室内体育设施

室内体育设施照明用光源有白炽灯、荧光灯、HID(高压汞灯、金属卤化物灯等)。近年来,考虑到显色性,可采用混合光源。采用混合光源照明特别要留意,希望在被照明的部分及空间部分光线都能充分混合,如图14.42所示。

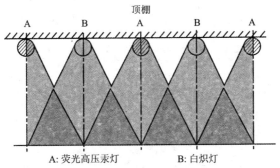

A: 荧光高压汞灯　　　　　B: 白炽灯

图 14.42　光线混合的概念图

(留意器具的配置,使得在空间部分光线也能充分混合)

2. 道路照明

道路照明的目的是防止交通事故,防止犯罪,美化城市。防范交通事故用 20W 荧光灯(单管或双管)。主要道路用 HID,特别是高压钠灯的使用例子不断增加,如图 14.43 所示。

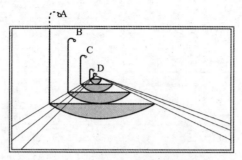

图 14.43　从驾驶员角度观看的路面

(将从驾驶员能看到的光亮度分布很好地互相重叠,就得到适当的路面光亮度)

3. 隧道照明

作为高速公路照明的光源,除了荧光灯照明以外,大多采用低压钠灯。图 14.44 为隧道照明举例。图 14.45 所示为入口处的照明举例。

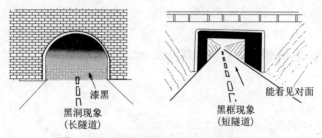

图 14.44　隧道照明(在白天也必须照明)

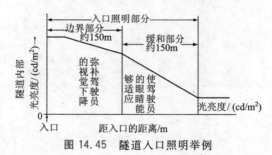

图 14.45　隧道入口照明举例